影响中国的世界植物

侯元凯　著

中原出版传媒集团
中原传媒股份公司

大象出版社
·郑州·

图书在版编目(CIP)数据

影响中国的世界植物 / 侯元凯著. -- 郑州 : 大象出版社, 2024. 10
ISBN 978-7-5711-2243-0

Ⅰ. ①影… Ⅱ. ①侯… Ⅲ. ①植物-介绍-世界
Ⅳ. ①Q948. 51

中国国家版本馆 CIP 数据核字(2024)第 108569 号

影响中国的世界植物

YINGXIANG ZHONGGUO DE SHIJIE ZHIWU

侯元凯 著

出版人 汪林中
责任编辑 郑强胜 连 冠
责任校对 安德华
书籍设计 王 敏

出版发行 大象出版社(郑州市郑东新区祥盛街 27 号 邮政编码 450016)
发行科 0371-63863551 总编室 0371-65597936
网 址 www.daxiang.cn
印 刷 北京汇林印务有限公司
经 销 各地新华书店经销
开 本 787 mm×1092 mm 1/16
印 张 11.75
字 数 171 千字
版 次 2024 年 10 月第 1 版 2024 年 10 月第 1 次印刷
定 价 68.00 元

若发现印、装质量问题,影响阅读,请与承印厂联系调换。
印厂地址 北京市大兴区黄村镇南六环磁各庄立交桥南 200 米(中轴路东侧)
邮政编码 102600 电话 010-61264834

目录
CONTENTS

四、丰富舌尖生活的植物

五、推动农业进步的植物

六、启迪科学研究的植物

七、影响生态环境的植物

前 言

外来植物传入中国已有悠久的历史。从西汉张骞通西域到元末，世界植物通过丝绸之路传入中国。由张骞带回内地的植物约10种，它们分别是红花、胡麻、蚕豆、大蒜、香菜、苜蓿、黄瓜、石榴、核桃、葡萄等。

美洲作物有近30种是在明清时期传入中国的，它们分别是玉米、番薯、土豆、木薯、南瓜、花生、向日葵、辣椒、番茄、西洋苹果、菠萝、番荔枝、番石榴、油梨、腰果、可可、番木瓜、陆地棉、烟草等。

19世纪中叶以后，传入中国的植物种类有所增加。如1877年传入中国的刺槐，1884年传入中国的桉树，1884年传入中国的咖啡，1933—1946年传入中国的湿地松、火炬松。上述异域植物并非中国人主动寻找或引入的，大多数是由留学生、侨民返乡或者由来华的西方商人、外交使节、传教士传入中国的。

《影响中国的世界植物》是一部关于中国历史上来自世界各地（不包括原产中国的植物种类）且与中国人关系比较密切的，对中国产生一定影响的植物的书籍。这些传入中国的植物，有的推动了中国历史的发展进程，有的使中国人上瘾数百年，有的给中国带来了食物来源，有的使中国人口得到迅速增长，有的给中国带来了奥林匹克运动会，有的改善了中国的环境或自然景观，等等。

笔者在多年植物研究的基础上，就影响中国的异域植物的渊源、形态，以及对中国经济、社会、文化、生活、科学、环境等方面的影响，以生动的文字娓娓道来，并以图示的形式进行全景展示。本书可作为全球植物爱好者和中学生生物课、小学生科学课的拓展读物。

读者在阅读本书的时候，可随时停下来思考、咀嚼和消化。碰到难懂的话题，不妨放下书，嗑一把葵花籽，啃几节甘蔗，玩一会儿橡皮筋，吃一块巧克力，愉悦一下心情；或慢咽几根薯条，嘎嘣一把爆米花，在刺槐或法桐树荫下休息一下再回来；也不妨暂时跳过，搁置起来，或者找人一起冲一杯咖啡，使你的灵感小分队迅速行动起来。这些影响中国的世界植物，或多或少影响了你。如果本书所述内容你此前都知道，你就没有学到什么。发觉自己尚有不知道的，说明你已经从中收获了知识。

愿本书带给你知识的收获与心灵的愉悦！

一、促进经济发展的植物

郁郁葱葱，生长茁壮的甘蔗

甘蔗：
一种不用蜜蜂就能产蜜的芦苇

甘蔗曾经是，而且现在仍是一道美味

在街头售卖可供啃食的甘蔗

甘蔗（*Saccharum officinarum*），俗名秀贵甘蔗、黑蔗、拔地拉、糖蔗，多年生草本植物。叶片长达1米，宽4—6厘米。茎圆柱形，茎直立，节间实心，有紫、红或黄绿色等。

公元前518年，波斯士兵接触到印度河流域的甘蔗后，说它们是一种不用蜜蜂就能产蜜的芦苇。[1]

印度诗人罗宾德罗纳特·泰戈尔（Rabindranath Tagore）在诗中写道："他的家乡的家坐落在荒凉的土地的边上，在甘蔗田的后面，躲藏在香蕉树，瘦长的槟榔树、椰子树和深绿色的贾克果树的阴影里。"[2]

按照用途，我们可以把甘蔗分为果蔗和糖蔗。果蔗易劈，纤维少，糖分适中，茎脆，汁多，口感好，茎粗，节长，适合鲜食。糖蔗含糖量高，但皮硬，纤维粗，口感差，适合制糖。编年史学家吉奥·德

普罗万指出："阿拉伯人从一种含蜜的芦苇中提取出的一种类似雪或白盐的东西，他们称之为Sucre。"[3]

克里斯托弗·劳埃德在《影响地球的100种生物：跨越40亿年的生命阶梯》中写道："(甘蔗) 已经成为世界上种植范围最广的植物，一种令人上瘾的并引发了许多影响现代的甜味剂。"[4]

甜蜜的瘾品

蔗糖是光合作用的主要产物，它在甘蔗茎秆中含量极高。人们日常食用的白糖、红糖都是蔗糖。人类不仅享受着蔗糖的甜美，而且以蔗糖为添加剂生产出来的食品多达数千种。

蔗糖是一种双糖，它是由1个分子葡萄糖的半缩醛羟基和1个分子果糖的半缩醛羟基彼此缩合脱水而成的。人类之所以能感受到甜味，是因为许多有甜味的化学物质存在着距离为0.3纳米的两个能形成氢键的基团，这两个基团必须是分离的而不致互相结合。舌头上有配合形成氢键的一边。当甜味物质的一部分键合到舌头上的一边，特殊的神经细胞就传出感觉甜的信息。

甘蔗给人体补充糖分，提供所需的热量，适合低血糖、感觉疲惫的人食用。唐代诗人李颀《送刘四赴夏县》诗曰：

扶南甘蔗甜如蜜，杂以荔枝龙州橘。

北宋文学家晁补之《即事一首次韵祝朝奉十一丈》诗曰：

清风穆然在，如渴啖甘蔗。

唐朝诗人王维《敕赐百官樱桃（时为文部郎）》诗曰：

饱食不须愁内热，大官还有蔗浆寒。

甘蔗还具有食疗作用，咀嚼甘蔗好比吮吸浸泡在糖浆里的轻质木块。[5] 咀嚼甘蔗纤维具有与刷牙相同的功能，把残留在口腔及牙缝中的垢物一扫而净，提高牙齿的自洁和抗龋能力。明代医药学家李时珍《本草纲目》中曰："凡蔗榕浆饮固佳，又不若咀嚼之味永也。”

明代文学家徐渭《赋得百岁萱花为某母寿》诗曰：

阿母但办好齿牙，百岁筵前嚼甘蔗。

知道什么会让人上瘾吗？海洛因、可卡因、酒精、烟草，还有糖。长期以来，白糖给人类的健康造成了严重危害。[6] 蔗糖的诞生，在给人带来美味的同时，也给人类的健康带来损害。蔗糖食用过多可能使人发胖，引发高血压、高血脂、糖尿病。2015 年，全球有 15 亿人受到肥胖症的影响。演化医学专家伦道夫 · 内瑟（Randolph Nesse）和美国演化生物学家乔治·C. 威廉姆斯（George C. Williams）说：“人类千百年来努力要创造一个真正流出蜜与奶的环境，结果却发现许多现代病和过早死亡都该归咎于这个创造出来的成果。”

儿童的高糖分摄入可能与多巴胺的敏感性下降有关，而多巴胺是由大脑释放的与学习能力有关的一种化学物质。糖也被认为是会上瘾的，如果停止吃糖，那么戒断症状很快就会出现。[7]

美国心理学家坎迪斯 · 珀特（Candace Pert）认为：“依靠糖分给予我们的快速提神反应类似于海洛因，但并不像它那么危险。”[8]

甘蔗创造了世界名酒。朗姆酒是由甘蔗的副产品或者甘蔗汁发酵蒸馏而生产出来的烈酒，其种类有白朗姆酒、金色朗姆酒、深色朗姆酒、调味朗姆酒、超高度朗姆酒、卡莎萨等。甘蔗烈酒还有阿瓜尔迪恩特酒、印度尼西亚的巴达维亚亚力酒、巴西的卡恰萨酒、墨西哥的恰兰达酒、菲律宾的甘蔗果酒拉康 · 哈利皇家巴锡酒、法国利口酒朗姆潘趣酒、德国混合朗姆酒、天鹅绒法勒南酒等。

一百多个国家在种植甘蔗

甘蔗起源于巴布亚新几内亚的潮湿森林。

公元前 4 世纪，马其顿帝国亚历山大（Alexander）大帝率兵东征，在攻入印度北部时，发现了一种“不是由蜜蜂制造的固体蜜”，从那个时候起，少量的印度蔗糖被带到欧洲。

8—10 世纪，甘蔗种植遍及伊拉克、埃及、西西里、伊比利亚半岛等。此后葡萄牙和西班牙把甘蔗引到了美洲。

1052 年，波斯诗人纳赛尔·霍斯鲁（Naser Khosrou）在《叙利亚和巴勒斯坦旅行日志》中写道：“从阿勒颇到的黎波里（利比亚首都），要经过 40 个城邦……甘蔗在这里繁盛地生长着。”[9]

1493 年，当意大利探险家克里斯托弗·哥伦布（Cristoforo Colombo）第二次环球航行时，甘蔗从加那利群岛传入加勒比。

目前，甘蔗分布在北纬 33°—南纬 30°。全世界现有 100 余个国家种植甘蔗，巴西、印度、中国、古巴、泰国、墨西哥、澳大利亚和美国都是甘蔗种植大国。

甘蔗大面积种植，同时也带来了生态灾难

甘蔗等农作物的广泛种植会带来生态环境的破坏，因为种植农作物需要大量的农药杀虫除草。种植甘蔗时，必须在甘蔗头部施农药，预防蚂蚁、白蚁吃甘蔗头。这种剧毒农药若流入河里，会毒死鱼虾。残留在作物或农产品里，会危害人类健康。农田除草需要施入大量的除草剂，造成化学污染。农田在没有杂草的情况下，会造成水土流失。草原上的积水清澈见底，而农田里流出的雨水都有黄泥浆。美国海洋生物学家蕾切尔·卡森（Rachel Carson）在《寂静的春天》中写道：“从前，在美国中部有一个城镇，这里的一切生物看来与其周围环境相处得很和谐。这里庄稼遍布，小山下

《寂静的春天》书影

果园成林。春天，繁花像白色的云朵点缀在绿色的原野上；秋天，透过松林的屏风，橡树、枫树和白桦射出火焰般的彩色光辉，狐狸在山上吠鸣，鹿群静悄悄穿过笼罩着秋天晨雾的原野……是什么东西使得美国无数城镇的春天之声沉寂下来了呢?”[10]

一直以来，亚马孙热带雨林是世界上最大的热带雨林。这里物种繁多，生态环境多样，生物多样性得到保护。每平方千米植物种类多达 1200 种，地球上动植物种类的五分之一都生长在这里。亚马孙热带雨林占地球上热带雨林总面积的 50%，为 650 万平方千米，有“生物科学家的天堂”和“地球之肺”的美誉。这里的植物种类多达 5 万种以上，其中已做出分类的有 2.5 万种。然而由于巴西大面积种植甘蔗，严重地威胁了亚马孙热带雨林，使雨林面积逐年减少。

食用糖遍地开花

糖类主要提供人体所需的能量和供应生物合成所需的碳原子。

公元前 300 年，甘蔗制糖见于印度的《吠陀经》。

蔗糖在世界范围内的传播最早是由阿拉伯人进行的，随着《古兰经》的传播而传播。

10 世纪，除印度和中国，世界上两个最大的产糖区分别位于两河流域三角洲和埃及的尼罗河峡谷。

正在生长中的甘蔗

13 世纪，意大利哲学家和神学家托马斯 · 阿奎那（Thomas Aquinas）曾说：“禁

威廉·莎士比亚

食期间无须禁糖…… 正如药物一样，糖也不会有碍禁食。”

14 世纪，位于欧洲西北角的斯堪的纳维亚半岛出现了蔗糖贸易，欧洲从此有了蔗糖。

16 世纪，英国戏剧家威廉·莎士比亚（William Shakespeare）在《爱的徒劳》中写道：“俾隆，玉手纤纤的姑娘，让我跟你说一句甜甜的话儿。公主，蜂蜜、牛乳、蔗糖，我已经说了三句了。”

在《威尼斯商人》中他写道：“她的微启的双唇，是因为她嘴里吐出来的甜蜜如糖的气息而分开的，唯有这样甘美的气息才能分开这样亲密的朋友。”

在《理查二世》中他写道：“幸亏一路上饱聆着您的清言妙语，它犹如蜜糖，使我津津有味、乐而忘倦。”

在《皆大欢喜》中他写道：“因为贞洁跟美貌碰在一起，就像在糖里再加蜜。”[11]

18 世纪，英法两国为争夺世界蔗糖贸易的控制权而战争不断。

1775 年，美国第二任总统约翰·亚当斯（John Adams）说：“我们不该羞于承认，蔗糖的问题是导致美国独立战争的重要因素。”

19 世纪，全球以甘蔗为原料的制糖业受到了来自以甜菜（*Beta vulgaris*）为原料的制糖业的竞争。

1993 年，李春辉在《拉丁美洲史稿》中写道：“蔗糖在 18 世纪经济中所占据的地位，就如钢铁在 19 世纪、石油在 20 世纪所占据的地位一样。”

中国人舌尖上的甜

大约在西周周宣王时，甘蔗传入了中国。

先秦时代的“柘”就是甘蔗，到了汉代出现“蔗”字，“柘”和“蔗”的读音可能来自梵文 sakara。

甜是更让人感到舒服的一种感受，中国人经常用甜指代美好的食物。[12] 吃甘蔗应从顶端吃起，这样才能越吃越甜。反之，若从根部吃起则会越吃越淡，剩余的三分之一就没有吃下去的欲望了。南朝刘义庆在《世说新语·排调》中说：“顾长康啖甘蔗，先食尾。人问所以，云：渐至佳境。”

甘蔗一节一节长高，因此有出土甘蔗节节高之说。除夕之日，在某些地方人们都要买两根甘蔗，在家门口一边放一根，这叫做“封门”，直至零点的钟声敲响时，才把甘蔗翻转过来，根部朝上，叶梢朝下，表示福运一年更比一年高。

注：

[1] [9] [美] 凯瑟琳·赫伯特·豪威尔．植物传奇：改变世界的 27 种植物 [M]．明冠华，李春丽，译．北京：人民邮电出版社，2018．

[2] [印度] 罗宾德罗纳特·泰戈尔．泰戈尔诗选 [M]．郑振铎，王立，译．北京：译林出版社，2021．

[3] [葡萄牙] 若泽·爱德华多·门德斯·费朗．改变人类历史的植物 [M]．时征，译．北京：商务印书馆，2022．

[4] [7] [8] [英] 克里斯托弗·劳埃德．影响地球的 100 种生物：跨越 40 亿年的生命阶梯 [M]．雷倩萍，刘青，译．北京：中国友谊出版公司，2022．

[5] [英] 约翰·沃伦．餐桌植物简史：蔬果、谷物和香料的栽培与演变 [M]．陈莹婷，译．北京：商务印书馆，2019．

[6] [英] 比尔·劳斯．改变历史进程的 50 种植物 [M]．高萍，译．青岛：青岛出版社，2016．

[10] [美] 蕾切尔·卡森．寂静的春天 [M]．吕瑞兰，李长生，译．上海：上海译文出版社，2008．

[11] [美] 格瑞特·奎利．莎士比亚植物诗 [M]．尚晓蕾，译．北京：中信出版集团，2022．

[12] [美] 戴维·考特莱特．上瘾五百年：烟、酒、咖啡和鸦片的历史 [M]．薛绚，译．北京：中信出版社，2014．

桉树：

最崇高的树……高得惊人

全世界最高的树

桉树（*Eucalyptus* spp.）是常绿乔木或灌木，桉属有 700 多个种。德裔澳大利亚籍植物学家费迪南德·冯·穆勒（Ferdinand Von Mueller）见到桉树时说：“最崇高的树……高得惊人。”

桉树叶片多为革质，幼态叶与成熟叶截然不同，还有过渡型叶。幼态叶多为对生；成熟叶片常为革质，有阔卵形或狭披针形，常为镰状，有透明腺点。

桉树树皮具有不可思议的质地和各种颜色，其绒状的花具有一种奇特的美，而其定义的特征就是有一个盖着花蕾的“帽子”直到可以受精时才脱落。[1] *Eucalyptus* 是根据桉树保护花朵的方式进行命名，意思是覆盖良好。

桉树在长期的进化过程中，为了避开灼热的阳光，减少水分蒸发，叶子都是下垂并侧面向阳。

在澳大利亚生长的一株杏仁桉（*Eucalyptus regnans*），高达 156 米。1871 年，费迪南德·冯·穆勒将杏仁桉命名为 *regnans*，意为“统治者”。杏仁桉一般可以长到 70—114 米高，是全世界最高的阔叶树。它的树干上没有枝杈，笔直向上，逐渐变细，到了顶端，才生长出枝和叶。它那高大、笔直的树干覆盖着光滑的灰色的树皮，有玉树临风之感。

桉树生长迅速，1 年生苗高 4 米，2 年生高 6 米，3 年生高 9 米，5 年生高 15 米以上，37 年生高 36 米。比杨树、泡桐都生长得快。从单株生长量来看，一株 10—15 年生的桉树，能抵上 30—40 年生的杉木（*Cunninghamia lanceolata*）、40—50 年生的马尾松（*Pinus massoniana*）、100—140 年生的红松（*Pinus koraiensis*）。

澳大利亚献给世界的礼物

桉树的每个部分都含有芳香油，叶的含量最多，用于香精、食品、牙膏、爽身粉、口香糖及制药，具有杀菌和消毒的作用。

生长在中国南方的柠檬桉

传说桉树能治疗疟疾，因此桉树在世界广泛种植。有一则故事讲道：1868 年，罗马附近的特雷冯塔纳修道院几乎要被废弃了。那里的地力已经耗竭，周边的社区已是人去屋空，更糟的是，疟疾的发病率已经达到了令人无法容忍的程度。那个时候人们不相信疟疾是由蚊子携带的一种寄生虫引起的，仍然相信它是空气中的什么东西造成的。事实上，疟疾的英文“malaria”这个词在拉丁语中的本义就是“坏空气”。修道院的僧侣们突然想出了一个解决这些难题的奇招，他们在修道院周边种下桉树。桉树这种生长迅速的澳大利亚树种首先闻起来就是药的气味，他们相信它一定可以净化空气，为修道院根除疟疬，改良土壤；

桉木单板

又因为它本身就是一种农作物，还可以让僧侣们赚取一点收入。他们甚至还用桉树叶制作了一种药茶，据信可以让人免受疟疾侵扰。[2]

后来人们认识到，消灭疟疾的不是桉树，是因为沼泽的消失。但是桉树的天然气味可驱除蚊虫，可用来治疗皮肤的创伤及蚊虫的叮咬。

有一则社会新闻写道：在西班牙加的斯省的罗塔镇，仅存的一株桉树的叶片几乎已经落光。市政委员会不得不通过磋商来决定，是否将仅剩的几片树叶用于治疗一位罹患严重热症的病人。最终的决定权交给了医生，这位医生将最后几片桉树叶用作了处方。[3]

在世界人工造林中，桉树是全球仅次于松类的第二大人工造林树种。桉树深刻地改变了自然景观，帮助缺乏森林的国家实现了森林再造和自然景观的恢复。从热带到冬季凝霜的山区，从海岸河口冲积土到布满石砾之地，都有桉树的身影。世界热带、亚热带地区广泛引种桉树。

桉树造纸早在 20 世纪初期就开始了，它的色泽、密度和抽出物的比率都适于制纸浆。1956 年 5 月 27 日，巴西《圣保罗州报》就是用桉树制造的纸张印刷的，还有许多大型的造纸厂用桉树制造牛皮纸和打印纸。

澳大利亚有一首民歌："我们划呀划过湛蓝的水面，如羽毛一般，我们乘着桉树做成的独木舟，漂浮在水面上。"[4]

19 世纪，在铁路沿线种植的桉树，给蒸汽机提供了大量的廉价燃料。英国当局在 1902 年将桉树引入肯尼亚，为肯尼亚到乌干达的铁路提供燃料。南非也引入了相同的树，作为支撑金矿竖井的支柱；同时，西班牙和葡萄牙当局批准开建大量的桉树种植园，增加木质纸浆业的收入来源。桉树仍在伊比利亚半岛西部埃斯特雷马杜拉的森林中占据主导地位。[5]

桉树常用于味美思酒和金酒（杜松子酒）的酿造，尤其是“菲奈特·布兰卡”意大利苦酒，具有桉树风味。澳大利亚的“丹百林山蒸馏坊”出品的“桉叶伏特加”和“澳洲芳草利口酒”，都用桉树叶来调味。[6]

森林生态系统中的优等生

澳大利亚东部沿海茂密的森林有90%是桉树。澳大利亚的土地是地球上最贫瘠的，低碳、高铁的土壤呈深红色；澳大利亚气候干旱，但桉树却能够在这种环境下成长。如果没有桉树这样生命力强劲的植物，澳大利亚贫瘠的土壤早就被风雨冲洗干净，众多的动物将因为没有藏身之地和食物来源而灭绝，如以桉树叶为食的考拉就会不复存在。

考拉以桉树叶为食

为了避免频繁的森林火灾对桉树的伤害，桉树的营养输送管道都深藏在木质层的深处，种子有木质外壳包裹，森林火灾过后，只要树干的心材没有被烧干，雨季一到，又会生机勃勃。桉树种子不怕火，借助大火把它的木质外壳烤裂，还便于种子发芽。

圆叶桉

然而，也有流传的对桉树污名化的说法：

污名之一：桉树是“抽水机”，会吸干林地水分导致干旱。其实桉树在水源涵养、水土保持、气候调节上发挥的作用，和其他树种一样。桉树并不直接导致干旱。桉树叶革质，叶片蒸腾速率远低于纸质叶片的蒸腾速率。桉树林大部分的水分都渗入了土壤中，且能有效保持水土。桉树林内杂草丛生，如果桉树吸干水分导致林地干旱，又何来的杂草丛生？

污名之二：桉树是吸肥器，会导致地力衰竭。其实桉树比其他热带树种更

桉树林

具有高效利用土壤养分的能力；桉树在快速生长期过后，会把这期间吸收的营养物质返还给土壤。桉树生长的地方，更新树种一般还是桉树，新生长的桉树没有因营养不足而停止生长。

改变了中国的自然景观

桉树原产大洋洲大陆。1894—1896 年，中国驻意大利领事馆工作人员把桉树传入华南。

1910 年，中国驻意大利大使吴宗谦翻译了《桉谱》。

1933 年，陈嵘在《造林学各论》中列举了 11 种传入中国的桉树。

如今，传入中国的桉树有 200 余种，分布于我国热带和亚热带地区。目前，中国桉树种植面积仅次于巴西。

桉树在中国被认为是最速生，且短期内能够给中国集聚大量木材的树种，对砍伐或火烧后的森林植被恢复具有重要作用。5 或 6 年生的桉树可以采伐，还可以使中国的天然林得到休养生息，使中国的防护林工程得以兴建。

注：

[1]［英］西莉亚·费希尔．植物大发现：黄金时代的花卉图谱［M］．董文珂，译．北京：人民邮电出版社，2017．

[2][6]［美］艾米·斯图尔特．醉酒的植物学家：创造了世界名酒的植物［M］．刘夙，译．北京：商务印书馆，2017．

[3]［法］利昂内尔·伊纳尔，卡米耶·让维萨德．神奇植物志：一份奇异而真实的植物学研究记录［M］．欧瑜，译．北京：生活·读书·新知三联书店，2019．

[4]［英］比尔·劳斯．改变历史进程的 50 种植物［M］．高萍，译．青岛：青岛出版社，2016．

[5]［英］克里斯托弗·劳埃德．影响地球的 100 种生物：跨越 40 亿年的生命阶梯［M］．雷倩萍，刘青，译．北京：中国友谊出版公司，2022．

橡胶树：

倘若没有橡胶，今天的世界将会是什么样子？

橡胶树真人真相

橡胶树（*Hevea brasiliensis*），俗名三叶橡胶树、三叶胶树、胶树，是一种常绿乔木，株高20—30米。小叶呈椭圆形，长10—25厘米，复叶有小叶3片，低温旱季落叶。当橡胶树的表皮被割开时，会流出乳白色的汁液，这种汁液称为胶乳。胶乳经凝聚、洗涤、成型、干燥可获得天然橡胶。

橡胶树林

天然橡胶是聚异戊二烯的聚合物，具有耐磨、高弹性及扯断强度和伸长率大等性能，在空气中不耐老化，遇热变黏，在矿物油中易膨胀和溶解，耐碱但不耐强酸。

橡胶树改变世界

橡胶树原产亚马孙河流域，主要分布在巴西、秘鲁、哥伦比亚、厄瓜多尔、圭亚那、委内瑞拉和玻利维亚，在南北纬 10° 以内的地带。

16 世纪，西班牙探险家埃尔南 · 科尔特斯（Hernando Cortes）第一次踏上南美洲时，见到印第安人把橡胶树的白色液体涂在衣服上，这种衣服雨天不透水。

1742 年，法国地理学家查尔斯 · 玛丽 · 德 · 拉孔达明（Charles Marie de La Condamine,）在信中写道：“自抵达基多以来，我便得知分泌这种物质的树木生长在亚马孙河沿岸，当地的印第安人称之为橡胶树。他们把瓶子形状的黏土模具包在上面，等树脂变硬之后把模具敲碎，这样就得到了树脂瓶子。这些树脂瓶子比玻璃瓶要轻，而且完全不会打碎。”[1]

18 世纪 70 年代，英国化学家约瑟夫·普利斯特列（Joseph Priestley）说道：“我发现一种物质，它可以出色地将黑色铅笔留在纸上的痕迹擦掉。”[2]

1839 年，美国硫化橡胶发明者查尔斯 · 古德伊尔（Charles Goodyear）发现橡胶虽具有弹性、防水等性能，但遇热变黏、遇冷变硬。他发现天然橡胶和

采集橡胶

硫黄粉混合加热后可以使橡胶转化为遇热不黏、遇冷不硬的高弹性材料。古德伊尔的贡献被认为是橡胶工业乃至高分子材料划时代的里程碑。

1876 年，英国人亨利·威克姆（Henry Wickham）从亚马孙热带雨林采集了 7 万粒橡胶种子，在英国伦敦邱园培育，并把培育的橡胶树苗运到新加坡、斯里兰卡、马来西亚、印度尼西亚等地种植并获得成功。

1888 年，苏格兰发明家约翰·博伊德·邓洛普（John Boyd Dunlop）为第一款成功充气的橡胶自行车轮胎申请了专利。

1898 年，美国开始筹建固特异轮胎橡胶公司。此时，美国的交通工具无论是马车还是汽车，都需要一种能缓冲路面冲击力的垫子。

1903 年，伦敦举办第一届国家汽车展览会，展示的车均配有天然橡胶轮胎。

1910 年，全球汽车数量达 250 万辆，靠轮胎转动的汽车对橡胶的需求大增。

1939 年，第二次世界大战推高了对橡胶的战争需求，所有参战国均作出了决定，号召国民收集橡胶，争取战争的胜利。日本为了实现南下取得马来西亚橡胶的目标，偷袭珍珠港，把美国拖入了战争，最后导致惨败。这是橡胶树对

邓洛普

二战时期的轮胎

历史车轮的运行方向做了一个小小的推动。

20 世纪 60 年代初，固特异开始了生产现代子午线轮胎的时代。从此，轮胎应用于各种交通工具。

橡胶树成了全球变暖的罪魁祸首

全世界四分之三的橡胶用于生产轮胎。燃油车数量的迅速增加，成了现今全球变暖的罪魁祸首。全球变暖的影响不仅仅是用温度计，而是用人的生命损失来测量。莎士比亚在《哈姆雷特》中说："这个覆盖众生的苍穹，这一顶壮丽的帐幕，这个金黄色的火球点缀着的庄严的屋宇，只是一大堆污浊的瘴气的集合。"

目前，全球变暖已是数亿人的切身感受：

1976—1999 年，欧洲经历的热极端事件是冷极端事件的 2 倍，而且欧洲一半地区夏季的平均日最高温度的增长速度每 10 年超过 0.3℃。

2003 年 8 月 10 日，英国伦敦的温度达到 38.1℃，破了 1990 年的纪录。同期，巴黎南部晚上测得最低温度为 25.5℃，破了 1873 年以来的纪录。

2005 年 7 月，美国有 200 个城市都创下历史性高温纪录，普遍达到 37℃以上，有些城市甚至超过了 41℃。遭受热浪影响最严重的加利福尼亚州，最高温度达到创纪录的 51.6℃，有 141 人死于酷热。

2006 年 11 月 11 日，是香港 11 月中最热的一天，最高气温高达 29.2℃。

2007 年 4 月，德国的平均气温创下有史以来的最高纪录 11.7℃（同期的平均气温为 7.4℃），同时，高温导致了严重的干旱，整个 4 月的降雨量不到历史平均纪录的十分之一。

2007 年 5 月底，莫斯科连续一周气温超过 30℃，最热的一天竟然达到 38℃。而在过去的这个季节，莫斯科的气温一般不到 20℃。

北宋文学家王安石《九井》诗曰：

山川在理有崩竭，丘壑自古相虚盈。
谁能保此千世后，天柱不折泉常倾。

当代诗人宗鄂在《偿还荒芜的青春》诗中说：

我们曾经挥霍过，
把青山投进炉膛，
让宝贵的财富化为缕缕青烟。
于是灾难降临，
泥石流洪水汹涌而来，
沙漠步步进逼，
吞噬我们的家园。

2010 年 7 月 6 日，伊朗石油城阿巴丹最高气温以 52℃冠全球。德国气温亦高达 36 ~ 37℃，几乎都不在家安装空调的人们，纷纷涌到电器店购买电风扇。夏天平均气温为 28 ~ 29℃的法国，2010 年已经历过一轮高温警报，7 月 1 日气温高达 34℃。

2022年6月17日下午3∶07时，郑州气温破纪录达到42.3℃。

2022年6月25日，北京最高气温达到39℃。

2022年7月15日17时，中国中央气象台数据显示，全国2418个国家级气象观测站的实时气温中，四川宜宾筠连气温达到42.9℃，位列全国高温榜第一。而过去6小时，宜宾筠连气温更是达到了43.4℃。

南宋诗人刘克庄《清平乐·五月十五夜玩月》诗曰：

身游银阙珠宫，俯看积气蒙蒙。

醉里偶摇桂树，人间唤作凉风。

侯元凯等在《救地球就是救自己：全球变暖忧思录》中写道：全球变暖导致气温升高，不仅是指夏季气温攀升到新的高点，更重要的是指春季和秋冬季节的气温普遍升高。最近几十年来，全世界都出现暖冬——寒风迟迟不起，气温迟迟不降，当人们刚刚觉得有些寒意的时候，春天却提前来临。撒哈拉沙漠干燥的空气让人们不得不拎起行囊背井离乡；北欧和俄罗斯冬日温暖的阳光致使可爱的棕熊迟迟无法酣然入睡；在欧洲和北美，到了初冬季节，许多滑雪场却迟迟不能开放；以往圣诞节和新年前后到处都是遍地白雪的景象已经难得一见，如今戴着棉帽、穿着棉衣的圣诞老人还在分发着圣诞礼物，但早已热得汗流浃背；格陵兰岛的居民终于享受到了种植蔬菜的快乐；因纽特人在31℃的高温下也知道了夏日空调的妙用。在中国，上海市已经很多年没有见到大雪飘飘的景象，而蜡梅等耐寒植物却一再提前绽放。以往的北京到了10月份早已是寒风瑟瑟，但这些年当月平均温度却一再突破百年纪录，人们像夏天一样穿着T恤、衬衣出门。

《救地球就是救自己——全球变暖忧思录》书影

黑龙江省嫩江地区，也多次出现腊月里冰雪融化的景象，要知道，那里以往的冬天可是“呵气成冰”。[3]

唐代诗人李商隐《宿骆氏亭寄怀崔雍崔衮》诗曰：

秋阴不散霜飞晚，留得枯荷听雨声。

而今天，成都市区房檐近 30 年没有冰柱，20 世纪 80 年代中期至今没有下过 5 厘米深的雪。40 年前的成都，正如南北朝时期庾信《郊行值雪》诗中所说：

雪花开六出，冰珠映九光。

在地球诞生至今 46 亿年的漫漫时空里，地球表面那层薄薄的大气层一直在给地球生态系统提供至关重要的保护，在汽车工业 100 多年的历史中，尤其是近 40 年来的人类活动使地球生态遭到严重破坏。30 年前，人们会认为全球变暖的影响将发生在 500 年以后；20 年前，人们会认为这些影响将发生在子女或孙子辈身上。而现在，这已经实实在在发生在我们自己身上了。

橡胶树影响中国

中国最早引种巴西橡胶树的是云南德宏自治州土司刀印生。1904 年，他从日本留学回国，途经新加坡，购买橡胶树苗 8000 株带回云南盈江，在新城凤凰山种植成功。1906 年、1907 年，中国又先后从马来西亚引种橡胶树。

当代词人灵坚（王严）《菩萨蛮·橡胶树》云：

丘陵垦植梯田月，树流乳汁纯如雪。

成品进千家，岭南一艳葩。

风生三叶舞，百鸟歌奇树。

舍得一身伤，无求到死亡。

割橡胶

橡胶主要用于汽车、轮船、飞机、拖拉机、电线、自行车、雨衣、胶鞋、救生圈、电缆、传送带、胶管、电瓶壳、乒乓球拍、皮球、橡皮、橡胶印、气球、热水袋、松紧带、避孕套等。橡胶是重要的战略物资，一辆坦克需要 800 千克橡胶，几乎所有的军事装备、防空设施、国防工程都需要橡胶。

笔者童年时候，一邻居家女人先后生下 13 个孩子，生活本来不堪，越生越不堪。外孙快 10 岁了，外婆还在给外孙生舅舅呢。他们也不愿生，但是那个时候，没有避孕套及其他避孕措施。

直到 20 世纪橡胶制作的避孕套面世，才在最大程度上解决了人类有史以来最扰心的事情。避孕套使男女避免了非预期妊娠，同时减少了性病传播，尤其减少了 20 世纪 80 年代以来的艾滋病传播。

倘若没有橡胶，今天的世界将会是什么样子呢？显而易见，人们不会开着汽车去上班，不会有手术防护手套，也不可能打网球，更不可能通过全球电信网络去交流。从能源发电、建筑到航空航天和时尚，橡胶的用途无所不在。[4]

注：

[1]［法］利昂内尔·伊纳尔，卡米耶·让维萨德．神奇植物志：一份奇异而真实的植物学研究记录［M］．欧瑜，译．北京：生活·读书·新知三联书店，2019．

[2]［英］比尔·劳斯．改变历史进程的 50 种植物［M］．高萍，译．青岛：青岛出版社，2016．

[3] 侯元凯．救地球就是救自己——全球变暖忧思录［M］．北京：中国农业出版社，2011．

[4]［英］凯茜·威利斯，卡罗琳·弗里．绿色宝藏：英国皇家植物园史话［M］．珍栎，译．北京：生活·读书·新知三联书店，2018．

杨树：
蒙娜丽莎在白杨木板上向世人展示其神秘微笑

三年椽，五年檩，十年梁

美洲黑杨（*Populus deltoides*）是一种落叶或半常绿乔木，树干通直，芽富含胶质，叶呈三角状、卵形或菱状卵形。杨树叶柄又细又长，相比而言，叶子又大又重，无风自动，遇风簌簌作响，声如哗啦啦的雨声。莎士比亚在《泰特斯·安德洛尼克斯》中说：“啊！要是那恶魔曾经看见这双百合花般白皙的手像山杨叶般战栗着，弹弄着鲁特琴。”

莎士比亚在《亨利四世》中写道：“您看看，老爷们，我这抖得呀，确确实

美洲黑杨林

实是在发抖，就像一片山杨的叶子似的。”[1]

拉宾德罗纳特·泰戈尔

印度诗人拉宾德罗纳特·泰戈尔《飞鸟集》中说：“这树的颤动之叶，触动着我的心，像一个婴儿的手指。”[2]

杨树生长快，有谚语：三年椽，五年檩，十年梁。

杨花是柔荑花序，是一种色泽不明显的小花，形态也不醒目。清明节前后果实成熟开裂，长出白色长毛的种子，随风飘散，谓之杨絮。唐朝诗人王维《送丘为往唐州》：

槐色阴清昼，杨花惹暮春。

唐朝诗人杜甫《丽人行》：

杨花雪落覆白苹，青鸟飞去衔红巾。

既是生态林又是用材林

杨树约有100个种，是世界上分布最广、适应性最强的植物种类，主要分

杨树林

蒙娜丽莎

布于北半球温带、寒温带。

杨树用作道路绿化是非常优秀的树种。它高大雄伟、整齐划一、迅速成林。

杨树具有早期速生、适应性强、分布广、种类和品种多、容易杂交、容易扦插繁殖等特点，因而可大幅度提高其生产能力，对解决木材短缺有很大作用。

最先认识到杨树速生价值的是意大利人。第二次世界大战后，意大利经过 20 多年的杨树种植，迅速摆脱了木材匮乏的局面。

杨树的木材可制成各种板材，如胶合板、纤维板、刨花板、细木工板等；杨木也可用于纸张、筷子等。其质地柔软、容易加工，是文艺复兴时期的画家喜爱的底板木材。蒙娜丽莎（Mona Lisa）就是在一截白杨［欧洲山杨（*Populus tremula*）］木板上向世人展示其神秘莫测的微笑的。[3]

山杨是英格兰的杨树品种之一，因其树叶持续不断地颤抖或簌簌作响而闻名。它的木材价值不高，不过在亨利五世统治时期，它曾被大量用于制造箭矢。如今山杨被用于制作房屋镶板以及火药。[4]

美洲黑杨红叶

迅速解决了中国木材短缺问题

1300 多年前，《晋书 · 苻坚载记上》记载：“长安大街，夹树杨槐。”

20 世纪 30 年代，德国人温特斯坦通过杂交选出欧美杨优良无性系沙兰杨。

20 世纪 50 年代，中国从德国、波兰、意大利引种沙兰杨。

在中国大、小兴安岭有甜杨（*Populus suaveolens*）、大青杨（*Populus ussuriensis*），南方有滇杨（*Populus yunnanensis*），西部有胡杨（*Populus euphratica*）、银白杨（*Populus alba*）、银灰杨（*Populus canescens*）等杨树树种。清末民初书画家宋伯鲁《托多克道中戏作胡桐行》诗曰：

君不见，额琳之北古道旁，胡桐万树连天长。
交柯接叶万灵藏，掀天踔地纷低昂。
矫如龙蛇欻变化，蹲如熊虎踞高岗。
嬉如神狐掉九尾，狞如药叉牙爪张。

杨树大量用于造林，使中国的北方防护林屏障得以迅速形成，改善了中国的生态环境。杨树速生丰产林的营造，解决了中国木材短缺问题，也推动了天然林保护工程顺利实施。

杨树树皮

杨树的种子靠风力传播

中国北方的建筑及其他用材所用的树种几乎全是杨、槐（*Sophora japonicum*）、榆（*Ulmus pumila*）、柳等，因此人工造林也多以这四种树为主。

笔者清楚记得，童年时候在河南邓州捡过杨树落叶用于烧饭，摘过杨树叶喂羊，取过杨树条编筐；聆听过风中的杨树叶哗啦哗啦响，在杨树树荫下乘过凉；那时家里买不起筷子，折根杨树枝条当筷子；砍过杨树枝烧饭，住过杨树椽子盖的草房，用过杨树木材制作的椅子和床。穿越过家乡的杨树林和后来的新疆胡杨林、大兴安岭山杨林，以及欧洲阿尔卑斯山的欧洲山杨林。还读过茅盾《白杨礼赞》：“那是力争上游的一种树，笔直的干，笔直的枝。它的干通常是丈把高，像是加以人工似的，一丈以内绝无旁枝。它所有的丫枝一律向上，而且紧紧靠拢，也像是加以人工似的，成为一束，绝不旁逸斜出；它的宽大的叶子也是片片向上，几乎没有斜生的，更不用说倒垂了；它的皮光滑而有银色的晕圈，微微泛出淡青色……”

经笔者研究，《白杨礼赞》中的白杨就是新疆杨（*Populus bolleana*），也因此数次到大西北考察新疆杨。

注：

[1] [美] 格瑞特・奎利．莎士比亚植物诗 [M]．尚晓蕾，译．北京：中信出版集团，2022．

[2] [印度] 罗宾德罗纳特・泰戈尔．泰戈尔诗选 [M]．郑振铎，王立，译．北京：译林出版社，2021．

[3] [德] 安德烈斯・哈泽．不如去看一棵树：26棵平凡之树的非凡故事 [M]．张嘉楠，龚楚麒，译．北京：北京联合出版公司．2019．

[4] [澳] 威廉・罗伯特・加法叶．密径：莎士比亚的植物花园 [M]．解村，译．北京：中国工人出版社，2022．

二、影响社会习尚的植物

罂粟花

罂粟：
吃烟的人儿，脸上挂着一个送命的招牌

罂粟“貌美如花”

罂粟（*Papaver somniferum*），俗名大烟花、鸦片烟花，是一种一年生草本植物。叶互生，叶片呈卵形或长卵形，基部呈心形，边缘有不规则的波状锯齿，具白粉。花近圆形或近扇形，边缘浅波状或各式分裂，白色、粉红色、红色、紫色或杂色。因花美丽，称阿芙蓉。维多利亚艺术评论家约翰·罗斯金（John Ruskin）在《普洛塞庇娜》中写道：“罂粟就是彩色玻璃，当阳光穿过罂粟时，它的光芒四射，比以往任何时候都更为明亮。无论人们在何处看见它——逆光或是顺光——一如既往地，它都是一团熊熊燃烧的火焰，如盛放的红宝石一样温暖着风。”[1]

罂粟花绽放一至两天后花瓣开始凋落。维多利亚艺术评论家约翰·罗斯金写道：“罂粟花一直到生命的尽头都保持褶皱和痛苦状。”[2]

罂粟呈蒴果球形或长圆状椭圆形。果囊上有盖，下有蒂，犹酒罂，内有细籽如粟，所以得名罂粟。种子多数，黑色或深灰色，表面呈蜂窝状。

会使人昏睡糊涂，两眼发红，丧失理智

鸦片来自希腊语 opos，意思是“果汁”。把尚未成熟的蒴果切开，有乳白色的汁液流出，在空气中凝固成乳胶，用小刀把乳胶刮下来，进行熬煎、处理，就成了鸦片。

罂粟是自然界中最容易让人上瘾的麻醉品。莎士比亚《奥赛罗》中写道：“罂粟、秋茄参（*Mandragora autumnalis*）或是世上一切使人昏迷的药草，都不能使你得到昨天晚上还在安然享受的酣眠。”

莎士比亚在《奥赛罗》中又写道：“罂粟是一种‘让人昏昏欲睡的糖浆’。”[3]

公元前 3400 年，在美索不达米亚（Mesopotamia）下游种植罂粟时，苏美尔人（Sumer）发现它可以使人的中枢神经兴奋，称它是“欢乐植物”。

1516 年，葡萄牙药剂师托梅 · 皮雷斯（Tomé Pires）在印度科钦写给国王的信上说：“这是绝佳的商品。经常服用它的人会昏睡糊涂，他们两眼发红，丧失理智。他们服用它是因为它激起淫荡心。”[4]

1821 年，英国散文家托马斯 · 德 · 昆西（Thomas De Quincey）从学生时代就开始吸食鸦片，成名后，仍然吸食，他是通过散步来抵消鸦片使人犯困的作用的。他的《一个英国鸦片服用者的自白》写道：“多则走十五英里，少则八到十英里，若非如此，（我）从来不会处于完全健康的状态。”他还写道：“你有着通往天堂的钥匙。哦，神秘而又伟大的鸦片。”[5]

1900 年，美国儿童文学作家莱曼·法兰克·鲍姆（Lyman Frank Baum）在《绿野仙踪》中写道：“众所周知，大量的罂粟花聚集在一起，所散发的气味可以令闻到的人睡着，如果睡着的人继续闻着该气味，就会一直睡下去。然而，多萝西并不知道这点，这里到处都是这种鲜红的花朵，她无处可逃。现在她的眼皮越来越重，她觉得必须得坐下休息一下，睡一觉了。”[6]

第一次世界大战期间，加拿大诗人约翰 · 麦克雷（John Alexander McCrae）

在《在法兰德斯战场》中写道："若你背弃了与逝者的盟约，我们将永不瞑目，纵使罂粟花依旧绽放在法兰德斯战场。"1915 年春天，几百万株罂粟在那些战死沙场的将士们的坟墓旁整齐地排列开放。[7]

一幕幕人类吸食鸦片的场景

新石器时代，人们用罂粟缓解疼痛。

古希腊人认为罂粟具有医疗镇静作用。

公元前 1552—前 1534 年，古埃及最早的医学著作《埃伯斯伯比书》中就有给不停哭泣的儿童使用一些罂粟提取物的记载。[8]

罂粟籽不含任何致人上瘾的毒素。它可以提高睡眠质量和强化体能，能预防大脑提早衰退，防止和缓解某些人体器官机能障碍。[9]

罂粟具有敛肺、止咳、涩肠、止痛的功效，治久咳虚嗽、自汗及久痢，治水泻不止，治久痢不止。唐代诗人杜甫《江村》诗曰：

多病所须唯药物，微躯此外更何求。

罂粟

罂粟可让人的胃部区域产生一种最为惬意、愉悦、令人陶醉的感觉，如果人们躺下或静坐，这种感觉便会无限地扩散开来，那感觉与我们在进入最为惬意的熟睡状态时那温柔、甜蜜的意识消失差别无几。那种感觉笼罩着我们，若不反抗，人就会沉沉睡去。[10]

吸食鸦片，起初致人快感、无法集中精神、产生梦幻，导致高度心理及生理依赖，若长期吸食后再停止则会出现不安、厌食、流泪、打冷战、流汗、易怒、发抖、身体蜷曲、抽筋等症状。

日本作家陈舜臣在《鸦片战争》中写道："林则徐中进士待在北京时，吴钟世的父亲还正当壮年，是一位慷慨之士。他具有丰富的实际经验，怀有各种抱负，林则徐曾多次向他请教。而现在他已瘦得皮包骨头，整天把蜡黄的脸冲着天棚，躺倒在床上。枕边摆着吸食鸦片的器具，他的眼睛已变成鸦片鬼的那种带泪的眼，林则徐的模样恐怕已经映不进他的眼帘；不，即使能映进去，肯定也丧失了识别人的机能。"[11]

林则徐了解他过去的情况。他的变化，使林则徐感到一阵凄凉。

吴兰雪《洋烟行》云：

> 双枕对眠一灯紫，似生非生死非死。
>
> 瘦骨山耸鼻流水，见者皆呼鸦片鬼。

一般抽鸦片上瘾的人，空间与时间的概念与常人有差异。

德·库因西《吸食鸦片者的自白》中写道："儿童时代极其细微的小事，或后来早已忘记的各种场面，经常在脑子里复苏起来。"[12]

鸦片改变了中国近代历史进程

罂粟原产土耳其以东的阿富汗、印度、缅甸和泰国。7—8 世纪，罂粟作为药材从印度等地传入中国。

唐代，中国开始广泛种植罂粟，罂粟也叫作"莺粟""阿芙蓉""米囊花"

等，人们爱其美丽，甚至觉得它能抚慰乡愁。晚唐诗人雍陶在《西归出斜谷》诗中曰：

行过险栈出褒斜，历尽平川似到家。

万里愁容今日散，马前初见米囊花。

宋代，中医把罂粟子、罂粟壳炒熟，研成粉末，加上蜂蜜制成蜜丸，治疗呕逆、腹痛、痢疾、咳嗽等。

宋元时期诗人方回《病后夏初杂书近况十首·含桃豌豆喜尝新》诗曰：

含桃豌豆喜尝新，罂粟花边已送春。

元代，人们认识到罂粟的副作用，元代医学家朱震亨告诫人们，虽然罂粟止咳止泻，但它“杀人如剑”。

明代，中国人用罂粟制作鸦片，李时珍《本草纲目》有详细的记载。

清代乾隆年间，“大烟枪”在中国十分流行。鸦片中的毒素让当时的年轻人自我麻醉或成瘾而无法自拔，导致身体病弱或无心做正事。

法国植物画家皮埃尔–约瑟夫·雷杜德所绘的一幅罂粟花图画，是他为1803年的《怀旧图集》选取的144张图画中的一张

在一座低矮窄小肮脏的棚屋里，飘散着淡淡的佛灯燃烧的气味，那微弱、摇曳不定的牛脂烛光照出一些黑影，两三个皮肤姜黄、拖着长辫子的流浪汉，蜷缩在一张短短的小床上，一动不动地抽着大烟。他们那无神的眼睛，由于无比舒适，非常惬意地朝向里面。[13]

在中国，起初吸纯鸦片只是富有人家的消遣，至19世纪30年代已经传遍宫中的太监、文武百官、商人阶层。到19世纪70年代，吸鸦片在轿夫、船夫以及其他靠劳力生活者之中已是平常的事。再到20世纪初，连农民也在吸食鸦片。[14]

清代民歌《鸦片烟》云：

[马头调] 鸦片烟儿真奇怪，土里熬出来。吃烟的人儿，脸上挂着一个送命的招牌，丢又丢不开。瘾来了，鼻涕眼泪往下盖，叫人好难挨。没奈何，把那心爱的东西，拿了去卖，忙把灯来开，过了一刻，他的身子爽快，又过这一灾。想当初，那样的精神今何在，身子瘦如柴。早知道这害人的东西，何必将它爱，实在顽不开。

18 世纪，英国人把孟加拉的鸦片传入中国，作为与中国人的贸易商品。

英国将在印度生产的鸦片走私到中国，将在本国生产的棉织品卖到印度，以此来回收由于买茶而流失的白银。

清朝政治家林则徐在《会奏穿鼻尖沙咀叠次轰击夷船情形折》中写道："此次士密等前来寻衅…… 无非恃其船坚炮利，以悍济贪。"

1839 年，林则徐于广东禁烟时，派人明察暗访，强迫外国鸦片商人交出鸦片，并将没收的鸦片集于虎门销毁。

清代民歌《林则徐禁鸦片》：

林则徐，禁鸦片，禁烟土，在海边。
开大炮，打洋船，吓得鬼子一溜烟。

1840 年，鸦片走私受到中国抵制，英国舰队开到广东海面，鸦片战争爆发。

鸦片战争以中国失败并赔款割地告终。中英双方签订了中国历史上第一个丧权辱国的不平等条约《南京条约》。中国开始向外国割地、赔款，商定关税。

1907 年 5 月 7 日，某报驻昆明特派记者写了一篇专稿："我参观了一间鸦片烟馆。烟馆里的气氛颇为压抑，令人感到窒息。室内一片昏暗，门和窗扇始终紧闭，只有鸦片烟枪闪烁着些许微光。被烟雾熏黑的墙壁上挂着几幅孔子的喻世警句图；地面上排放着铺有草席的烟床，用来接待烟客。烟客们手中端着茶杯，一些人略带惊慌地打量着我；另一些人则对我视而不见，继续闲聊。"[15]

笔者曾有两次与罂粟擦肩而过。一次是小时候肚子疼，用大烟壳土方治好肚子疼；第二次是在一处农家院落里见到几束正在开花的罂粟。

注：

[1] [10] [13] [英] 珍妮弗・波特．改变世界的七种花 [M]．赵丽洁，刘佳，译．北京：生活・读书・新知三联书店，2018．

[2] [澳] 威廉・罗伯特・加法叶．密径：莎士比亚的植物花园 [M]．解村，译．北京：中国工人出版社，2022．

[3] [美] 格瑞特・奎利．莎士比亚植物诗 [M]．尚晓蕾，译．北京：中信出版集团，2022．

[4] [14] [美] 戴维・考特莱特．上瘾五百年：烟、酒、咖啡和鸦片的历史 [M]．薛绚，译．北京：中信出版社，2014．

[5] [英] 比尔・劳斯．改变历史进程的 50 种植物 [M]．高萍，译．青岛：青岛出版社，2016．

[6] [7] [英] 桑德拉・纳普．植物探索之旅 [M]．智昊团队，译．长春：长春出版社，2015．

[8] [9] [英] 伊丽莎白・A．丹西，桑尼・拉森．致命植物：一部世界剧毒植物的自然史 [M]．魏来，译．重庆：重庆大学出版社，2021．

[11] [12] [日] 陈舜臣．鸦片战争 [M]．卞立强，译．贵阳：贵州人民出版社，1985．

[15] [法] 利昂内尔・伊纳尔，卡米耶・让维萨德．神奇植物志：一份奇异而真实的植物学研究记录 [M]．欧瑜，译．北京：生活・读书・新知三联书店，2019．

槟榔：
咀嚼槟榔先是感到飘飘然，最后体验到一种放松的暖意

“高高的树上结槟榔”

槟榔（*Areca catechu*），俗名槟榔子、大白槟、大腹子、橄榄子，是一种常绿乔木，干直立不分枝，最高的有30米。叶簇生于茎顶，羽片多数，狭长披针形。它的树干有叶子掉落后留下的环状痕迹，让它看起来像一座由圆盘垒成的宝塔。它簇生累累的深橙色果实，每颗果实都包含一粒肉豆蔻大小的种子，果实外壳也有和肉豆蔻相似的大理石花纹。[1]

清代地理学家郁永河《台湾竹枝词》中云：

独干凌霄不作枝，垂垂青子任纷披。
摘来还共蒌根嚼，赢得唇间浸染脂。

咀嚼嗜好品

槟榔原产马来西亚、印度，在中国栽培已有1500年的历史。

槟榔曾一度成为继烟、酒和咖啡之后的第四位大众嗜品。目前，世界上爱吃槟榔的有10—12亿人，印度、泰国、马来西亚、越南、缅甸、斯里兰卡、巴基斯坦、孟加拉国、印度尼西亚以及南太平洋的众多岛屿上的人们都有咀嚼

槟榔的习惯。这是一种带给人快感的兴奋剂，效用和烟草差不多。槟榔有助于消化，可以解乏，用来提神。槟榔略带一丝碳酸防腐剂味等，这些成分令人先是感到微微飘飘然，随后神经高度兴奋，最后体验到一种放松的暖意。[2]

有人问英国裔的印度生物学家霍尔丹（John Burdon Sarderson Haldane），嚼槟榔是什么滋味，霍尔丹只把两眼一翻，口里继续嚼着。

东汉时期，杨孚《异物志》中记载吃槟榔能起到消食和驱虫的作用，在宋朝之前槟榔一直被当作药品来使用。

槟榔位列四大南药槟榔、砂仁（*Amomum villosum*）、益智（*Alpinia oxyphylla*）、巴戟（*Morinda offcinalis*）之首，其种子、果皮、花等均可入药。目前，

槟榔树林

槟榔

槟榔纵切面

中国有200余种药品含有槟榔。

2003年，世界卫生组织将槟榔定为致癌物。2020年11月26日，国际癌症研究机构在《柳叶刀－肿瘤学》上发表论文，并且确认槟榔的致癌成分是槟榔碱。长期嚼槟榔会导致口腔溃疡以及牙齿磨损、牙周病。

槟榔是和事佬。《澄海县志》记载："或有斗者，献槟榔则怒气立解。"双方和解矛盾，槟榔成了和事佬。

在越南有种说法：嚼槟榔是故事的开端，亲朋来往非槟榔不为礼。

在中国也有种说法：海南是槟榔的娘家，湖南是槟榔的婆家。

槟榔，岭南人很喜欢吃。《南中八郡志》载："槟榔土人以为贵，婚嫁待客，辄先进此物，若邂逅不设，因相嫌恨。"《西溪丛话》载："闽广人食槟榔，每切作片，蘸蛎灰，以荖叶裹嚼之。初食微觉似醉面赤，故东坡诗云：'红潮登颊醉槟榔。'"

槟榔像红豆一样，象征着爱情与幸福。岭南很早便流行这些歌谣：

掷石落井探深浅，送口槟榔试哥心。

槟榔当心花当情，哥妹相爱胜千金。

在岭南，青年人结婚，新郎在聘礼中总要包上一些槟榔。

20 世纪 70 年代，马来西亚歌手吴泓君演唱的《采槟榔》中也饱含情思：

高高的树上结槟榔，

谁先爬上谁先尝，

谁先爬上我替谁先装。

少年郎采槟榔，

小妹妹提篮抬头望。

低头想又想呀，

他又美他又壮，

谁人比他强。

注：

[1] [2] [英] 乔纳森·德罗里，[法] 露西尔·克莱尔．环游世界 80 种树 [M]．柳晓萍，译．武汉：华中科技大学出版社，2019．

咖啡：

可真是香甜啊！比一千个香吻更迷人

“力量与热情”之树

“咖啡”一词源自希腊语“Kaweh”，意思是“力量与热情”。咖啡树是一种常绿灌木或小乔木。咖啡有小粒咖啡（*Coffea arabica*）、大粒咖啡（*Coffea liberica*）和中粒咖啡（*Coffea canephora*）。小粒咖啡是阿拉伯种，在世界上推广面积最多，品质最好，风味香甜，刺激性小。中粒咖啡是罗巴斯塔种，品质中等，味浓，刺激性强。大粒咖啡是利比里亚种，味浓烈，刺激性强，饮用质量差。

咖啡浆果成熟时呈红色，外果皮硬膜质，中果皮肉质，有甜味。咖啡浆果椭圆形，一般内有两粒种子，即咖啡豆。1753 年，林奈将埃塞俄比亚咖啡命名为小果咖啡。

小粒咖啡原产非洲东部热带山地高原气候的埃塞俄比亚，中粒咖啡原产非洲刚果的热带雨林区，大粒咖啡原产非洲西部的利比里亚。

咖啡的传说

1671 年，黎巴嫩语言学家浮士德·内罗尼在《不知道睡觉的修道院》中记载了一则故事：咖啡的食用归因于一个名叫卡尔迪（Kaldi）的善于观察的牧羊人。一天晚上，卡尔迪的山羊自行离开了家。经过精疲力竭的搜寻后，牧羊人发现他的羊群正在一片野咖啡树丛中欢快地跳舞。受到好奇心的驱使，卡尔迪也品尝了咖啡豆，很快他也开始手舞足蹈。[1]

他把这个发现告诉周围的人，夜晚需要长时间静修的基督教修士们开始把它当成日常食用的提神食品。

另一则故事：1258 年，在也门，因犯罪而被族人驱逐出境的酋长雪克·欧玛尔，被流放到阿拉伯的瓦萨巴，当他筋疲力尽行走在山上时，见到枝头上的鸟儿正在啄食上面的果实，并发出极为令人愉悦的啼叫声。于是雪克·欧玛尔便将此果采摘熬煮，熬煮的汤竟香味浓郁，原本疲惫的感觉不复存在。后来，雪克·欧玛尔便采集这种果实，遇见有人生病或疲惫，就将这种果实泡水或煮汤给他们饮用。雪克·欧玛尔得到了信徒们的喜爱，不久他的罪得以被赦免，他因发现咖啡而被尊崇为圣者。

还有一则故事：咖啡由威尼斯商人带到意大利，天主教一些牧师担心这种

——咖啡树果实

来自阿拉伯的咖啡不符合教规，认为它是魔鬼饮品，就希望教皇禁止咖啡。大主教克雷芒八世品尝咖啡后，宣布咖啡应加冕为真正的基督教徒饮料。

比麝香葡萄酒更醉人

咖啡果香浓郁，风味独特。咖啡种子和叶提取咖啡碱，咖啡碱作药用，具有兴奋、麻醉、利尿和强心等功能。咖啡因并非真的给人们提供能量，它只是弱化了人们感受疲惫的能力。[2]

1734—1735 年（也有说 1732 年），德国流行喝咖啡，然而咖啡价格昂贵，普通市民往往限制自家的年轻人对咖啡的嗜好。德国作曲家约翰·塞巴斯蒂安·巴赫（Johann Sebastian Bach）和克里斯蒂安·弗里德里希·亨力奇（Christian Friedrich Henrici）在这一社会背景下，写成了《咖啡康塔塔》：讲的是一个叫丽思根的女孩嗜好咖啡，父亲要求她放弃这一嗜好，她不同意，于是父亲以各种威胁迫使女儿戒掉咖啡，但均告失败，后来只好央求女儿，只要戒除咖啡，愿意为她找一个如意郎君。女儿则表示：除非婚约上写上“婚后允许我照样喝咖啡”。

《咖啡康塔塔》中写道：

> 施连德立安：你这淘气的孩子、放肆的姑娘啊！唉！要怎样才能让你，就算为了我，把咖啡戒掉。
>
> 丽思根：父亲大人，请别对我如此严厉，如果我不能每天满上我小小的咖啡杯，美美地喝上三次，那我会像炙烤的羔羊般，失去活力。
>
> 丽思根：噢！多么甜美的咖啡啊！比一千个情人的吻还甜蜜，比麝香葡萄酒更醉人。咖啡啊咖啡，我一定要喝，如果有人要款待我，就请满上我的咖啡杯！

有人喝了咖啡，睡不着觉，那是不经常饮用咖啡的缘故。若经常喝咖啡，不仅能睡着，而且能快速入睡。

与通常会使人感到眩晕、迷失方向和昏昏欲睡的葡萄酒、啤酒和烈酒不同，咖啡的作用恰恰相反——可以提神，提高警觉性和思维精准度。[3]

据说，到意大利观光要小心两件事：一是男人，一是咖啡。在意大利有句名言："男人要像好咖啡，既强劲又充满热情！"

瘾品会影响中间边缘多巴胺系统。这种原始的神经基质系统是快感的主要传送路径，我们决定做或不做某事的动机也是由此而来。瘾品会刺激这个系统——可能也刺激其他尚未确认的系统，借快感发出"这就对了"的信号。即使像咖啡这样麻醉力轻微的瘾品，也能通过这个系统使人兴奋起来。[4]

饮用咖啡，人们乐此不疲，一位维也纳艺术家描述自己的生活："我不在家，就在咖啡店；不在咖啡店，就在去往咖啡店的路上。"[5]

1969年7月20日至21日晚，"鹰号"登月舱降落后不久，指

咖啡果

挥舱飞行员迈克尔·柯林斯（Michael Collins）中断了为尼尔·阿姆斯特朗（Neil Armstrong）第一次踏上月球表面所做的准备工作，他用无线电广播对休斯敦的约翰逊航天中心说道：“不好意思，请稍等，我要去喝杯咖啡。”[6]

咖啡创造了世界名酒。从 19 世纪前期开始，咖啡用来调制利口酒。全世界销售的咖啡利口酒有数十种，其基酒既有朗姆酒、干邑，也有特基拉。[7]

没有咖啡，就没有咖啡馆

8 世纪，阿拉伯人开始饮用咖啡，并把咖啡当作酒和药品使用。

16 世纪初，咖啡向欧洲传播。当时法国国王克雷芒八世曾说：“虽然是恶魔的饮料，却是美味可口。此种饮料只让异教徒独占了，殊是可惜。”

1500 年，咖啡因的饮用传到了麦加和麦地那。最早的咖啡馆叫做“Kaveh Kanes”。起初是为了宗教目的，但很快这些地方就成了下棋、闲聊、唱歌、跳舞和欣赏音乐的中心。从麦加开始，咖啡馆又遍及亚丁、梅迪纳和开罗。

法国画家弗朗索瓦 · 布歇名画《午餐》

17 世纪，法国画家弗朗索瓦 · 布歇名画《午餐》表明咖啡已成为了法国家庭的常备饮品。

1645 年，威尼斯开设了咖啡馆，咖啡馆在意大利叫 Cafés。

1668 年，爱德华 · 劳埃德咖啡店在英国开业。伦敦劳合社——一家拥有 300 余年历史的保险市场，是从劳埃德咖啡馆演变而来的。

1720 年，在圣马可广场开张的弗罗里安咖啡馆，至今还生意兴隆。

约 1727 年，第一粒咖啡的种子从

圭亚那地区引进到巴西帕拉，咖啡的引进和种植引起了巴西历史上最重要的变革。巴西是世界上最大的咖啡生产国，哥伦比亚为世界第二大生产国，美国是全球咖啡消耗量最大的国家。

咖啡豆

1938 年，雀巢公司发明了雀巢咖啡，这是世界上第一种速溶纯咖啡。雀巢咖啡的标志是：鸟巢中，一只母鸟正在哺育两只小鸟。该商标是 19 世纪末为祈求世界上婴儿的死亡率降低而设计的。

20 世纪中叶，美国诗人艾伦·金斯伯格（Allen Ginsberg）在美国加州伯克利市的地中海咖啡馆创作了《嚎叫》。这家咖啡店被认为是拿铁咖啡的发明地。意大利语的 Caffè Latte，即拿铁。拿铁咖啡是意大利浓缩咖啡与牛奶的混合饮品。

21 世纪以来，全球咖啡消费持续增长，是仅次于石油的第二种重要商品。世界上约有三分之一的人在饮用咖啡。

咖啡店曾屡遭禁止

1511 年，麦加总督凯尔·贝格发现攻击他的诗文是从咖啡馆流出的，于是他把麦加的所有咖啡馆关闭，试图禁止饮用咖啡，甚至将违禁者缝在皮袋子里扔进博斯普鲁斯海峡。

1675 年，英王查理二世颁布了咖啡馆禁令，1676 年 1 月 10 日之前英国咖啡馆全部关门。一是因为当时不准进入咖啡馆的女人发表陈情书，二是因为咖啡馆成了民众批评时政的地方。

1781 年，普鲁士国王腓特烈大帝（Friedrich II）禁止人们私自进口咖啡、杜绝民间烘焙咖啡，呼吁大家不要忘记自己的啤酒。

名人与咖啡

英国作家威廉·塞缪尔·约翰逊（William Samuel Johnson）认为，咖啡馆不只是出售咖啡的场所，还是一种思想、一种生活方式、一种社交场合、一种哲学理念。

德国哲学家伊曼努尔·康德（Immanuel Kant）晚年对咖啡怀有特别强烈的依恋。

19 世纪，法兰西第一帝国的缔造者拿破仑·波拿巴（Napoléon Bonaparte）形容喝咖啡的感受是："相当数量的浓咖啡会使我兴奋，同时赋予我温暖和异乎寻常的力量。"

在埃塞俄比亚高山地区，当地煮的第一杯咖啡用的是咖啡叶。美国第 16 任总统亚伯拉罕·林肯（Abraham Lincoln）喝到一杯这样的咖啡，说道："如果这是咖啡，请给我茶；如果这是茶，麻烦给我一杯咖啡。"

海明威

1899 年，西班牙画家、雕塑家巴勃鲁·毕加索（Pablo Picasso）在巴塞罗那的四猫咖啡馆一边喝着咖啡，一边为朋友画肖像。

英国哲学家和政治活动家詹姆·麦金托什认为："一个人的智力与饮用咖啡量成正比。"

美国作家欧内斯特·米勒尔·海明威（Ernest Miller Hemingway）在巴黎丁香园咖啡馆用两个星期时间写了《旭日依旧东升》。

让 - 保罗·萨特（Jean-Paul Sartre）和西蒙·波伏娃（Simone de Beauvoir）当年经常在巴黎花神咖啡馆二楼的一个靠窗户的位置约会，他俩每天坐在那里交谈、写作、喝咖啡。

20 世纪 90 年代，英国作家罗琳（J．K．Rowling）是一个单身母亲。写作哈利·波特系列第一部《哈利·波特与魔法石》时，罗琳因为自家的屋子又小又冷，时常到一家咖啡馆里撰写《哈利·波特》。《哈利·波特》的奇幻文学系列小说，描写了哈利·波特（Harry Potter）在霍格沃茨 7 年学习生活中的冒险故事。

没有咖啡馆，不会有波士顿倾茶事件

1773 年 12 月 16 日，在美国发生了波士顿倾茶事件，示威者把英国东印度公司运来的一船茶叶倾入波士顿湾，以此表达对英国国会于 1773 年颁布的《茶税法》不满。此一事件成了两年后美国独立战争的导火索，北美人拒喝英国茶，转而喝起了咖啡。

波士顿茶党有一首游行曲的歌词：

游行吧，莫霍克人（Mohawks）——带上你的斧头！
告诉国王，他那外国来的茶，
我们一毛税都不会付！
他休想威胁我们，也休想，
逼我们的女儿和妻子，
喝他那卑劣的红茶！
游行吧各位，加紧脚步，
到青龙迎接我们的首领！[8]

1776 年 7 月 4 日，大陆会议通过了由美利坚合众国第三任总统托马斯·杰斐逊（Thomas Jefferson）执笔起草的《独立宣言》，宣告了美国的诞生。

来到咖啡馆，让理性思想插上浪漫梦幻的翅膀

欧洲中产阶级渐渐兴起之际，咖啡馆成为供人们闲聊、交换意见、谈论政治、评论艺术的场所。意见的隔阂与社会阶级的界限在咖啡馆里被打破。[9]

欧洲人是热爱思辨的民族，人们来咖啡馆是为了促进智慧上的成长。

咖啡馆里的学者灵感如泉涌，人类文明的精粹，从这小小的咖啡桌上，慢慢地弥漫到全世界。

咖啡激发人们的创作灵感。法国小说家、剧作家奥诺雷·德·巴尔扎克（Honoré de Balzac）在《咖啡的乐趣与苦恼》中写道："咖啡在身上一开始发挥作用，灵感就如同雄狮中的小分队迅速行动起来。"[10]

伊西多尔·波登（Isidore Bourdon）说："咖啡拓展了幻觉的疆域，让愿望更为可期。"[11]

1910 年，英国的一份医学期刊评论道："情绪高涨，幻想的事物变得栩栩如生，善心被激发出来……记忆力和判断力都变得更加敏锐，短时间内异乎寻常地能言善辩。"[12]

咖啡果

韩国电视剧《咖啡屋》，故事从一间咖啡店展开，咖啡店里无聊的店员姜胜妍看着漫画书幻想着有一天如同漫画主人公一样的男子会降临身边，而意外的一场雨果然送来了这样一个人，这个人是畅销小说作家李辰秀。

在咖啡进入欧洲之前，整个欧洲流行喝酒，法国人喝葡萄酒，英国人喝烈性威士忌，德国人喝啤酒。咖啡把欧洲人从酗酒中解脱出来，而咖啡馆则孕育了艺术家的灵感，改变了大多数人的生活方式。

在一杯咖啡里，可以品到的是有情人相思的苦涩，相思苦，苦相思，明知相思苦，为何苦相思。

工业革命时期，咖啡和面包的简单搭配，使工人们可以在最短的时间里每日 5 餐，却干 12 个小时以上的活，咖啡让他们干劲十足。

咖啡壶里煮的是沉浮，咖啡杯里盛的是梦想，咖啡桌上弥漫着人生的哲学，而咖啡杯里飘出的是芬芳。

数百年来，咖啡用一种深沉温柔的方式，改变着历史和创造历史的人。

手握一杯咖啡，身在静中却能感受到动态极致的美丽。

有人说咖啡，闲暇时它清香，快乐时它甜蜜，悲伤时它苦涩，伤心时它酸楚。

咖啡进入中国寻常百姓家

1866 年，在上海的美国传教士高丕第夫人出版了一本《造洋饭书》，该书除了把 coffee 音译成“磕肥”之外，还讲授了制作、烧煮咖啡的方法：猛火烘磕肥，勤铲动，勿令其焦黑。烘好，趁热加奶油一点，装于有盖之瓶内盖好，要用时，现轧。

1884 年，咖啡在台湾首次种植，从而揭开了咖啡在中国发展的序幕。

1892 年，法国传教士将咖啡从越南带到云南朱苦拉。

19 世纪末，上海租界有了第一家咖啡店。一个英国铁路工程师，在上海修铁路，他探亲回来的时候，带了 100 千克咖啡豆和一个磨豆子的机器，在租界内设立第一家咖啡店，此后外滩就出现了咖啡店。清末民初诗人毛元征《新艳诗》诗曰：

饮欢加非茶，忘却调牛乳。

牛乳如欢谈，加非似依苦。

1908 年，华侨从马来西亚带回大、中粒种咖啡在海南儋州种植。

1915 年，最早的“咖啡”一词大概出现于民国初年的《中华大字典》。

民初鸳鸯蝴蝶派大家周瘦鹃《生查子》诗曰：

更啜苦加非，绝似相思味。

如今，麦斯威尔、雀巢、哥伦比亚等国际咖啡品牌纷纷进入中国。咖啡已进入中国人的家庭和生活。

在中国许多大中城市里，泡咖啡吧成了夜生活的一道迷人风景，如北京三里屯咖啡一条街，吸引了不同年龄、层次和肤色的人。喝杯考究的咖啡，享受生命的闲适，已成为中国人的一种时尚。笔者著述本书，也是在每天一杯咖啡的陪伴下完成的。

词作家林煌坤在《美酒加咖啡》中写道：

美酒加咖啡，

我只要喝一杯。

想起了过去，

又喝了第二杯。

…………

千百惠在《走过咖啡屋》中唱道：

每次走过这间咖啡屋，忍不住慢下了脚步。

你我初次相识在这里，揭开了相悦的序幕。

今天你不再是座上客，我也就恢复了孤独。

不知什么缘故使我俩，由情侣变成了陌路。

芳香的咖啡飘满小屋，对你的情感依然如故。

不知道何时再续前缘，让我把思念向你倾诉。

…………

注：

[1] [英] 约翰·沃伦．餐桌植物简史：蔬果、谷物和香料的栽培与演变［M］．陈莹婷，译．北京：商务印书馆，2019．

[2] [12] [美] 索尔·汉森．种子的胜利：谷物、坚果、果仁、豆类和核籽、如何征服植物王国，塑造人类历史［M］．杨婷婷，译．北京：中信出版社，2017．

[3] [6] [英] 克里斯托弗·劳埃德．影响地球的 100 种生物：跨越 40 亿年的生命阶梯［M］．雷倩萍，刘青，译．北京：中国友谊出版公司，2022．

[4] [8] [9] [美] 戴维·考特莱特．上瘾五百年：烟、酒、咖啡和鸦片的历史［M］．薛绚，译．北京：中信出版社，2014．

[5] [10] [英] 比尔·劳斯．改变历史进程的 50 种植物［M］．高萍，译．青岛：青岛出版社，2016．

[7] [美] 艾米·斯图尔特．醉酒的植物学家：创造了世界名酒的植物［M］．刘夙，译．北京：商务印书馆，2020．

[11] [英] 乔纳森·西尔弗顿．种子的故事［M］．徐嘉妍，译．北京：商务印书馆，2014．

可可：
巧克力和酒在自然界同时出现，这不是一个小奇迹

使人振奋之树

可可（*Theobroma cacao*）是一种常绿灌木或乔木，树高4—7.5米。叶呈卵状长椭圆形及倒卵状长椭圆形。花有一股恶臭，果实长6个月成熟。可可的每颗果实内包裹有50—100个可可豆，这些豆子长2厘米，呈漂亮的紫色，分布在黏糊糊、柠檬味的白色果肉中。[1] 可可豆具有苦味。

可可有一个良好的进化机会，英国博物学家阿尔弗雷德·拉塞尔·华莱士（Alfred Russel Wallace）在《论热带自然及其他》中写道："在漫长的岁月中，赤道地区生命演变和发展遇到了相对少的阻碍，其结果便是产生了这些美丽的、千姿百态的生命形式。"

成年可可树在一个花季中可以开出上万朵花，但是其中只有不到50朵花在得到飞蚊或某些特殊种类的蚂蚁的传粉之后才能结出果实。[2]

"众神的食物"

"cacao"一词衍生于玛雅人纳瓦特尔语"cacahuatl"。可可属的拉丁文名为Theobroma，由瑞典植物学家卡尔·冯·林奈（Carl von Linné）提出，

意思是上帝的佳肴（Theo=god，broma=food）。可可原产地阿次特克人（Aztec）称可可为 xocoatl，意思是苦水。

可可果

16 世纪，西班牙航海家埃尔南·科尔特斯（Hernando Cortes）的一名随从人员说道："可可这种饮品是最为健康的东西，它是你在这个世界上可以喝到的能量最高的饮料。一个人若是喝上一杯可可，就可以尽情地想走多远就走多远，即便一天不进食都不成问题。"[3]

可可是世界三大饮料之一，产量仅次于咖啡和茶。可可干豆是小儿、病人、登山者和飞行人员的良好营养品。可可粉和可可脂主要用作饮料、制造巧克力糖果、糕点及冰激凌等。很少有食物能像巧克力那样给人们带来如此美妙的味觉享受。[4]

难以想象这个世界上会有人不喜欢巧克力。但你知道吗？如今巧克力带给人们的香甜柔滑、入口即化的体验，与其最初的口感——玉米般黏稠、辣椒般的味道以及咸咸的风味——相去十万八千里。[5]

巧克力的迷人之处就在于可可脂。可可脂的熔点为 34℃—38℃，接近人体的温度，巧克力在舌尖上自然融化，有丝滑的感觉。黑巧克力和纯可可一直被认为是美味和令人向往的食物。[6]

英国诗人克里斯托弗·安斯蒂（Christopher Anstey）在《新版巴斯旅行指南》一书中写道："你可以去卡莱尔俱乐部，也可以去阿尔迈克俱乐部……喝咖啡、茶和巧克力，吃黄油吐司。他会立刻张开双臂欢迎全世界还有自己的妻子，而且对从未谋面的人彬彬有礼。"[7]

美国人类学家尤金·安德森（Eugene N. Anderson）指出："世界上流行最广的名词（几乎每种语言都用得到）即 4 种含咖啡因植物的名称：咖啡、茶、可可、可乐。”[8]

巧克力和酒饮在自然界中居然能同时出现，这不是一个小奇迹！[9]

玛雅人与阿兹特克人都被认为是第一批使用可可豆制作巧克力的民族，首先是泡沫饮料，然后是其他美味佳肴。

巧克力简历

1660 年，西班牙公主玛丽·特里萨嫁给法国国王路易十四，给法国带来了巧克力。

1765 年，巧克力传入美国，被美利坚合众国第三任总统托马斯·杰斐逊赞为“具有健康和营养的甜点”。

1828 年，荷兰人豪尔顿（Coenraad Johamnes van Houten）开发出了将可可浆中的可可脂压出的方法，打开了巧克力固体化的大门。

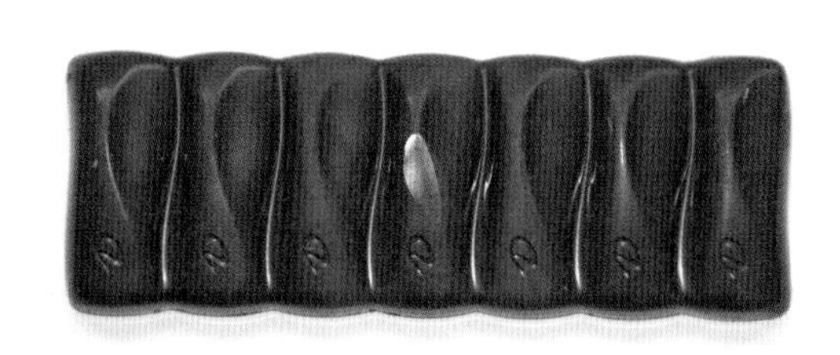

巧克力

1842 年，英国人卡德伯里（Cadlbury）兄弟，出售使用可可脂和磨碎的可可豆制成的巧克力粉末和固体。

1847 年，巧克力饮料中被加入可可脂，制成可咀嚼的巧克力块。

1863 年，杰勒德·约翰尼斯·多利是在荷兰西部小城哈勒姆创办了第一间糖果店——多利是糖果店。顾客们在此可以买到巧克力热饮、冷饮，还有其他许多不同口味的巧克力，其中就有帕丝蒂尔（Pastilles）巧克力。帕丝蒂尔是多利是推出的第一个巧克力系列产品，它是本着口感上入口即溶的满足感而打造的。

1914 年，第一次世界大战刺激了巧克力的生产，巧克力被运到战场分发给士兵。

1919 年，卢森堡大公国公主恋上后厨一位叫莱昂的小伙子。莱昂给公主做冰激凌，俩人一块吃。但是那个时候因为等级森严，没过几天公主消失了，这公主遭到了联姻的不幸命运，莱昂不知道，一直等待公主，有一天终于听说公主要来了，莱昂就特地给公主做了一大份冰激凌，然后在冰激凌上用热巧克力写了一个词“DOVE”，就是我们现在看到的德芙。浓缩的这句话叫 Do you love me，你爱我吗？我们看到的德芙是什么呢？就是一种永远永远的“你爱我吗？”这么一句温馨的问询，给了人们一个必须买它的理由。

2011 年 10 月，英国德比郡的桑顿糖果厂制作出一块重达 6 吨的巧克力，长、宽均为 4 米。

“角鲨头”制作了一款名为“可可属”的可可啤酒。这款啤酒具有泥土味和香辛味，只带有一丁点巧克力风味。[10]

可可来到中国整整 100 年

可可原产南美洲亚马孙河上游，是热带雨林中的一种下木，一般分布在赤

海南兴隆热带植物园中的可可树

道南北纬 20° 以内，主要分布在南北纬 10° 以内较为狭窄的气候带。

1922 年，可可传入台湾。

1954 年，海南籍归国华侨从印度尼西亚传入红皮可可果实一个，内有种子 28 粒，播种于海南兴隆华侨农场。

1956 年，华南垦殖局从印度尼西亚和马来西亚多次进口可可果（210 个）和可可种子到海南，至此，海南开始种植可可。

2004 年，国家邮政局发行《侨乡新貌》系列邮票，海南兴隆华侨农场入选这一被誉为“国家名片”的邮票系列。邮票描绘了华侨农场的景观，其中就有兴隆的可可树，可可果位于邮票的显眼位置。海南是中国有代表性的可可种植区。

中国年人均消费巧克力仍然很低，不足 100 克，发达国家年人均消费量约 1000 克。

注：

[1] [英] 托尼·罗素，凯瑟琳·卡特尔，马丁·沃特斯．树百科 [M]．张舟娜，译．北京：中国华侨出版社，2013．

[2] [9] [10] [美] 艾米·斯图尔特．醉酒的植物学家：创造了世界名酒的植物 [M]．刘夙，译．北京：商务印书馆，2020．

[3] [英] 沃尔夫冈·斯塔佩，[英] 罗布·克塞勒．植物王国的奇迹：果实的奥秘（第 2 版）[M]．师丽花，和渊，译．北京：人民邮电出版社，2020．

[4] [美] 凯瑟琳·赫伯特·豪威尔．植物传奇 ：改变世界的 27 种植物 [M]．明冠华，李春丽，译．北京：人民邮电出版社，2018．

[5] [英] 约翰·沃伦．餐桌植物简史：蔬果、谷物和香料的栽培与演变 [M]．陈莹婷，译．北京：商务印书馆，2019．

[6] [英] 克里斯蒂娜·哈里森，[英] 托尼·柯卡姆．非凡之树：63 个传奇树种的秘密生命 [M]．王晨，译．武汉：华中科技大学出版社，2020．

[7] [英] 比尔·劳斯．改变历史进程的 50 种植物 [M]．高萍，译．青岛：青岛出版社，2016．

[8] [美] 戴维·考特莱特．上瘾五百年：烟、酒、咖啡和鸦片的历史 [M]．薛绚，译．北京：中信出版社，2014．

三、注入文化活力的植物

罗马街头的油橄榄

油橄榄：

和平在宣告橄榄枝永久葱茏

生长橄榄枝的树

木樨榄（*Olea europaea*），俗名油橄榄，是一种常绿乔木，核果呈椭圆形，由微小的白色花朵结出，果实在秋末由绿色变成黑色。[1]

1889 年，文森特·威廉·凡·高（Vincent Willem van Gogh）创作《橄榄树》。凡·高在信中说："我刚刚完成了一幅风景画，那是一个长着灰色叶子的橄榄树的果园，虽然看起来有些像是柳树，深紫色的树影铺在洒满阳光的沙子上。"

橄榄油是一种食用油。橄榄油从古至今用于不同的用途，从涂抹并祝福国王、祭司、运动员和当作祭品，以及为油灯提供燃料。《古兰经》写道："神树——它的油未得光，火照耀便已熠熠发光。"西班牙作家米格尔·德·塞万提斯·萨维德拉在《唐·吉诃德》中写道："她抓起一盏盛满橄榄油的油灯，照准唐·吉诃德的头扔过去，砸了个满脸花。"

一则谚语在意大利和土耳其流传："若想给子孙留下不竭的财产，那就种一棵橄榄树。"[2]

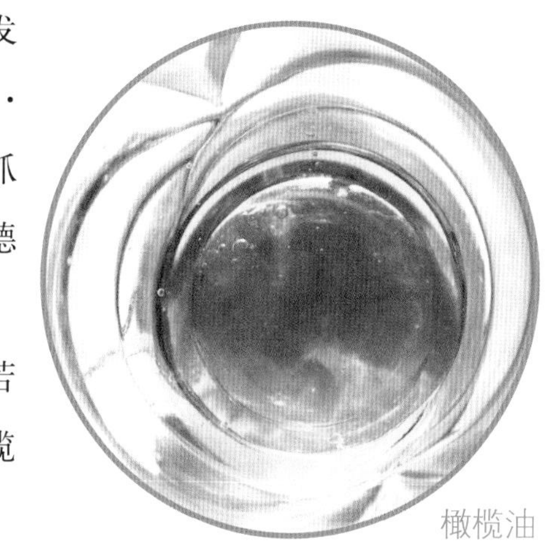

橄榄油

1889 年，凡·高创作的《橄榄树》

维多利亚艺术评论家约翰·罗斯金在《威尼斯之石》中写道：“橄榄树是整个南欧最独特和优美的风景。亚平宁山脉北部的山坡上，橄榄是常见的林木。它们覆盖着整个阿诺河谷，遍植于每一片园圃之中。橄榄树如在果园里一样，一列一列，从玉米地、麦田或葡萄藤架中生长出来。所以在佛罗伦萨、皮斯托亚、卢卡或者比萨的大部分聚居区，不可能找到一片土地没有橄榄树的荫庇。橄榄树之于意大利，正如榆树和橡树之于英格兰。”

人类和平、自由、幸福和希望的象征

奥古斯都时代的古罗马诗人维吉尔（Vergil）在《埃涅阿斯纪》中写道：“依着果实累累的橄榄树枝，人们得以净化在永恒的健康中。”

油橄榄被认为是人类和平、自由、幸福和希望的象征，源于《圣经》“挪亚方舟”油橄榄枝的故事。在挪亚方舟的故事中，从洪水中劫难余生的挪亚派出鸽子侦察情况，鸽子从陆地上叼回橄榄枝，给方舟上的所有生物带来了生的希望。

人们用它作为婴儿诞生的祝贺，用橄榄油及橄榄枝花环作为青年竞技胜利的奖品。

莎士比亚在《亨利六世》中说：“上天已把橄榄枝和月桂冠赋予你，使你在和平与战争中都有福气。”

莎士比亚《十四行诗》：“和平在宣告橄榄枝永久葱茏。”

挪亚方舟

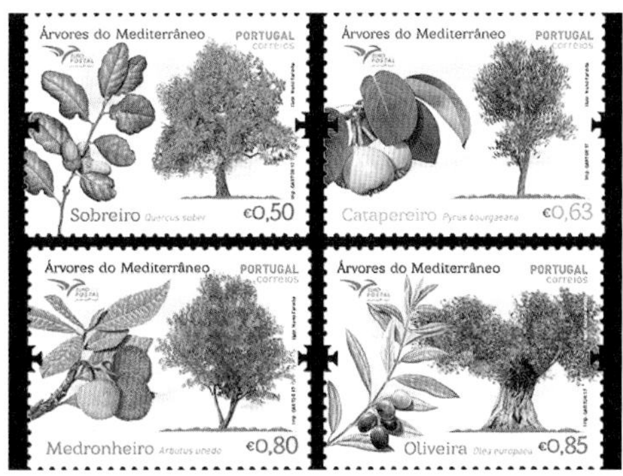

邮票上的油橄榄

莎士比亚《雅典的泰门》："带我到你们的城里去，我要一手执着橄榄枝，一手握着宝剑。"

莎士比亚《安东尼与克里奥佩特拉》："全面和平的时候已经不远了，但愿今天一战成功，让这三足鼎立的世界永远拥有橄榄枝！"

莎士比亚《第十二夜》："我不是来向您宣战，也不是来要求您臣服。我手里握着橄榄枝，我的话里充满了和平，也充满了意义。"[3]

15 世纪，弗兰德画家汉斯·梅姆林(Hans Memling)在画中描绘了一位手持橄榄枝的天使。

15 世纪弗兰德画家汉斯·梅姆林的画中描绘了一位手持橄榄枝的天使，橄榄枝数世纪以来都是和平的象征

西班牙画家、雕塑家毕加索创作出了象征世界和平的艺术形象——一只嘴衔橄榄枝的鸽子。

1942 年，在巴黎召开的世界和平大会就选用了毕加索绘制的"衔着橄榄枝

油橄榄果实

的白鸽”作为世界和平的象征。

现在，在国际政治术语中，人们把“橄榄枝”当作“和平”的代名词。联合国徽章中有橄榄枝图案，寓意着世界和平。

成就了雅典城邦国家

公元前5世纪，古希腊作家希罗多德宣称除了雅典，其他地方没有橄榄树。

据传说，女神雅典娜（Athena）教会了古希腊人栽种橄榄树。她用橄榄树战胜海神波塞冬（Poseidon）而成为希腊城邦的保护神，从此，这个城邦也就以她的名字命名为雅典。

难以想象，没有了无花果（*Ficus carica*）、葡萄、柑橘（*Citrus reticulata*）或橄榄的地中海会是怎样景象。油橄榄在雅典民众生活中成为被尊敬的树种。历史上，橄榄油与葡萄酒、陶制品构成了雅典城邦的三大经济特产，橄榄油推动了后来的民主制度、帕特农神庙的兴建等，成就了雅典城邦国家，进而绽放出一朵奥林匹克运动会之花，芳香了整个世界。

奥林匹克运动会发源于2000多年前的古希腊，因举办地在奥林匹亚而得名。1894年成立国际奥林匹克委员会，1896年举办了首届奥林匹克运动会，1924年举办了首届冬季奥林匹克运动会。

数千年来，橄榄油一直是地中海沿岸居民必不可少的食用油，也是药品。古代的君王们曾用橄榄木做权杖。

油橄榄是希腊和突尼斯的国树，这两个地中海沿岸的国家盛产油橄榄。希腊栽种油橄榄有 4000 多年的历史。突尼斯有“橄榄之邦”之称，在斯法克斯市广场矗立着一株高达 8 米的橄榄树标本，它是用一棵百年橄榄树雕刻而成的。

带给中国两场奥林匹克运动会

油橄榄原产小亚细亚，而后传播到地中海国家。

早在 8 世纪，油橄榄从波斯通过丝绸之路传入中国。1956 年，中国从阿尔巴尼亚引种油橄榄。

2001 年的 7 月 13 日，北京时间 10 点 08 分，当北京获得 2008 年奥运会主办城市权的消息自国际奥委会主席萨马兰奇（Juan Antonio Samaranch）口中说出之后，自那一瞬间开始，整个北京、整个中国，便被强烈地震撼了！人们在不同的地方、不同的空间，都在发了疯似的跳跃着、呼吼着、狂欢着。

奥林匹克之花在中国绽放两次，2008 年 8 月 8 日—24 日，第 29 届夏季奥林匹克运动会在北京举办。2022 年 2 月 4 日—20 日，第 24 届冬季奥林匹克运动会在中国举办。

注：

[1] [3] [美] 格瑞特・奎利．莎士比亚植物诗［M］．尚晓蕾，译．北京：中信出版集团，2022．

[2] [澳] 威廉・罗伯特・加法叶．密径：莎士比亚的植物花园［M］．解村，译．北京：中国工人出版社，2022．

向日葵：

逮住了凡·高，现在它们盯上你了

一朵太阳花

向日葵（*Helianthus annuus*），俗名朝阳花、转日莲、向阳花、望日莲、太阳花，一年生草本植物。茎直立，叶互生，呈心状卵圆形或卵圆形，三基出脉，边缘有粗锯齿，两面披短糙毛，有长柄。向日葵巨大的花冠密密麻麻地长满了数千朵舌状花，它们下面就是会结出种子的盘花。到 19 世纪，广袤的麦田里开始出现大片的向日葵花田，一个个花冠追随着太阳的东升西落。[1]

1619 年，明代姚旅《露书》记载：万历丙午年（1606 年），忽有向日葵自外域传至。其树直耸无枝，一如蜀锦开花，一树一朵或旁有一两小朵，其大如盘，朝暮向日，结子在花面，一如蜂窝。

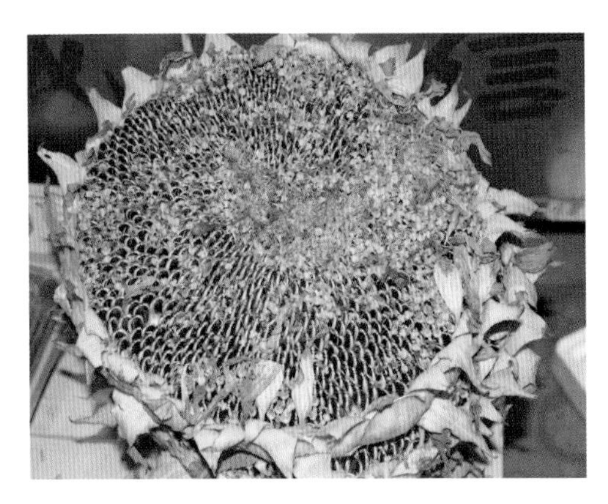

向日葵盘

向日葵花盘的果实按照一个恒定的弧度沿着螺旋轨迹发散，而这个螺旋线的弧度是 137.5°。这样的散发角排列模式，才使向日葵花盘上的果实排列分布最多、最紧密和最匀称。在几何学上，如果用黄金分割率 0.618 来划分 360°的圆周，所得的角度约等于 222.5°。在

朵朵葵花向太阳

整个圆周内，与 222.5° 相对应的外角就是 137.5°，所以，137.5° 就是圆的黄金分割角。

一朵痴情之花

关于向日葵的来历，有一则故事：漂亮的少女克莱荻亚（Clytie）非常爱慕英俊潇洒的太阳神阿波罗，可惜落花有意流水无情，伤心的克莱荻亚只好以绝食来博得同情，以露水充饥，以泪水代茶，希望有一天能获得阿波罗的爱。经过九天九夜不眠不休的盼望，双脚已变成了根，瘦弱的玉体变成了枝叶，苍白的小脸则变成了花朵。克莱荻亚容颜虽改，但她的心却永远不变，脸庞始终仰望着太阳，阿波罗驾着马车载着太阳走到哪儿，她的眼神也就跟到哪儿。这朵痴情花就是今天的向日葵。[2]

凡・高《花瓶里的十五朵向日葵》

荷兰后印象派画家文森特・威廉・凡・高一生中共作了 11 幅《向日葵》。凡・高认为黄色代表太阳的颜色，而阳光象征着爱情。

无论何时，只要你走到室外，你都会觉得它

们在注视着你。“你知道它们的脸长什么样吗?”画家爱德华·伯恩-琼斯(Edward Burne-Jones)这样问道,“(你知道)它们如何偷看,还盯着你看?它们多么调皮,又多么迷人。它们是那么大胆无畏,又时常会有那么一点无礼。”一些人觉得这让人毛骨悚然:“它们逮住了凡·高,现在它们盯上你了……”[3]

1987年,日本安田水上火灾保险公司后藤泰男以3985万美元在克里斯蒂拍卖行拍走了凡·高所绘的一系列以向日葵为主题的油画之一《花瓶里的十五朵向日葵》。拍卖辞说道:“1888年2月,35岁的凡·高从巴黎来到法国南部小城阿尔,寻找他的阳光和麦田。在那里,他为自己的生命找到了抽象物,那就是一团团如火焰般的向日葵!”

向日葵是秘鲁、俄罗斯、乌克兰、葡萄牙、玻利维亚的国花。英国诗人威廉·布莱克(William Blake)写道:“向日葵啊!厌倦了时间,数着太阳的步伐,追寻美妙的金色国度,旅人的客途终结之处。”[4]

向日葵种子叫葵花籽,是世界零食,亦可榨葵花籽油。葵花籽油颜色金黄,澄清透明,气味清香,是世界上仅次于豆油、棕榈油和菜籽油的第四大食用油。

向日葵在中国

向日葵原产美国西南部和中美洲。

1564年,浙江《临山卫志》有向日葵在中国的最早记载。仅有“向日葵”

新疆的向日葵花海

这一名称记载。

1617年，明代学者赵崡所著《植品》写道："又有向日菊者，万历间西番僧携种入中国。干高七八尺至丈余，上作大花如盘，随日所向。花大开则盘重，不能复转。"

1621年，明代农学家王象晋《二如亭群芳谱》称向日葵为西番菊。

向日葵

1688年，清代园艺学家陈淏子《花镜》始称向日葵。

吴其濬《植物名实图考》记载了葵瓜子："(向日葵）其子可炒食，微香，多食头晕，滇、黔与南瓜子、西瓜子同售于市。"

目前，向日葵主要分布在中国东北三省和新疆、内蒙古等地。

笔者种过向日葵，每天从村头学校放学途中必绕道向日葵地，看亲手种的向日葵的花盘日日增大。笔者童年时候最喜欢绘制的就是向日葵。向日葵花最好画，先画一个大小适中的圆圈，在圆圈外画上锯齿，在圆圈内画上细网格，再画一个顶着花的柱子，柱子上再画上长柄大叶，这幅向日葵花画即作成。

注：

[1] [英] 比尔·劳斯．改变历史进程的50种植物 [M]．高萍，译．青岛：青岛出版社，2016．

[2] 吴淑芬．花的奇妙世界 [M]．北京：中国农业出版社，2003．

[3] [英] 珍妮弗·波特．改变世界的七种花 [M]．赵丽洁，刘佳，译．北京：生活·读书·新知三联书店，2018．

[4] [英] 乔纳森·西尔弗顿．种子的故事 [M]．徐嘉妍，译．北京：商务印书馆，2014．

薰衣草：
一朵会自燃的花

别墅花园的经典植物

薰衣草（*Lavandula angustifolia*），俗名英国薰衣草，是一种多年生草本或矮小灌木。薰衣草的拉丁名称 lavare，是沐浴和冲洗的意思。叶子呈银色，花有蓝色、紫色、粉色、白色。花期是每年的 6—8 月。叶和茎上的绒毛均有油腺，油腺破裂后释出香味。

薰衣草花上覆盖着星形细毛，末梢上开着小小的紫蓝色花朵，花形如小麦穗状，每当花开风吹起时，一整片的薰衣草如深紫色的波浪状上下起伏。

在薰衣草即将开花之前，将其花茎剪下来置于阳光下曝晒可以锁住花朵中的天然芬芳。

地中海某些薰衣草品种与澳大利亚桉树很相似，含有大量的挥发精油，会在盛夏的高热中自燃，使周围植物着火。[1]

熏香了全世界

古罗马时期的希腊医生与药理学家佩丹尼乌斯·迪奥斯科

里德斯（Pedanius Dioscorides）《药物论》记载，薰衣草可以医治烧烫伤或创伤。

历史上，薰衣草是一种烹饪调味料和草药，通常被用来熏香衣服或者清新空气。这种香味有安抚情绪、舒缓镇定的作用。人们把干燥的薰衣草填入香包放置床头，或者以薰衣草精油滴在枕畔，就可以更好地睡眠。元代文学家许有壬《鹊桥仙》：“花香满院，花荫满地，夜静月明风细。”

12 世纪，德国神学家希尔德加德·冯·宾根（Hildegard von Bingen）发现薰衣草可以杀死跳蚤和虱子。

莎士比亚《冬天的故事》：“这是给你们的花儿，热烈的薰衣草、薄荷、香

昆明街头的薰衣草

薄荷、墨角兰。”

16 世纪，英国伊丽莎白时代歌谣《薰衣草代表真爱》：

薰衣草呀，遍地开放。

蓝花绿叶，清香满怀。

我为国王，你是王后。

抛下硬币，许个心愿。

爱你一生，此情不渝。

1653 年，英国植物学家尼古拉斯·卡尔佩珀（Nicholas Culpeper）的《英国医生与草药全书》认为，薰衣草对癫痫、水肿、抽筋、抽搐、中风、昏厥、失声有疗效。

1709 年，意大利调香师吉欧凡尼·玛丽亚·法丽娜（Giovanni Maria Farina）在德国科隆推出古龙香水，它是一种含有龙涎香与 2%—3% 精油的清淡香水。他在一款香水中混入了薰衣草。

18 世纪，法国启蒙思想家让 - 雅克·卢梭（Jean-Jacques Rousseau）写道：“我渐渐地结束了这种对植物所进行的细微观察，开始品味周围的一切景致，品味所有植物给我留下的整体印象，这种印象同列举植物名字一样都能使我快乐，且更为感人一些。”[2]

18 世纪，伦敦南部的薰衣山，法国的普罗旺斯、格拉斯附近的山区以种植薰衣草闻名。普罗旺斯的空气中总是充满了薰衣草、百里香（*Thymus mongolicus*）、松树香气。

英籍作家彼得·梅尔（Peter Mayle）笔下“普罗旺斯”，代表了一种简单无忧、轻松慵懒的生活方式，一种“宠辱不惊，闲看庭前花开花落，去留无意，漫随天外云卷云舒”的闲适意境。

凡是喜欢种植薰衣草的园丁，最终都想尝试把它用在酒饮里。薰衣草用于金酒、浸香伏特加和利口酒。[3]

来到中国 60 年

薰衣草原产地中海沿岸、印度、加那利群岛、北非和中东地区。1963 年，北京植物园试种薰衣草。

在中国大地景观尤其在花海及花镜等，薰衣草是不可或缺的景观植物，用于建薰衣草专类芳香植物园，做到绿化、美化、净化、香化、彩化于一体。

经过新疆伊犁人的精心培育，薰衣草在天山脚下已形成规模，是中国薰衣草种植加工的主要基地，也是亚洲最大的香料生产基地。

注：

[1]［英］比尔 · 劳斯．改变历史进程的 50 种植物［M］．高萍，译．青岛：青岛出版社，2016．

[2]［法］雅克 · 达森．植物在想什么［M］．范思晨，译．海口：海南出版社，2018．

[3]［美］艾米·斯图尔特．醉酒的植物学家：创造了世界名酒的植物［M］．刘夙，译．北京：商务印书馆，2020．

苹果：

柰与现代苹果的味道不可同日而语

苹果 & 柰

苹果（*Malus pumila*），俗名西洋苹果、柰、嘎啦、黄元帅。苹果树是一种落叶乔木，花呈白色或粉色，花茎的顶端膨胀形成果实，称为梨果。

通过基因分析知道，我们吃的所有苹果的原始祖先都是生长在哈萨克斯坦东部天山林带斜坡上的野苹果。[1]

公元1000年，中国栽植的是一种叫柰的绵苹果。柰与现代苹果都属于蔷薇科苹果属。柰是苹果的一个品种，是分布在中亚细亚以及新疆等地的新疆野苹果（*Malus sieversii*），通称“柰子”，也称“花红”，其肉质细密，呈黄白色。

苹果与夏娃、牛顿、乔布斯、白雪公主

在历史的长河中，在宗教故事和神话故事中，都有苹果的影子。其中有四个与苹果有关的故事，分别与夏娃、牛顿、乔布斯和白雪公主有关。

第一则故事：苹果象征着爱。亚当（Adam）和夏娃（Eve）吃的“禁果”，就是尚未成熟的青苹果，又酸又涩，在不该吃的时候却吃了它，受到惩罚。美

国哲学家亨利·戴维·梭罗（Henry David Thoreau）宣称，他喜欢这种苹果的味道：够酸的了，让一只松鼠在它的边上咬一口，它都会尖叫一声。

莎士比亚《十四行诗》："如果你的德行跟你的外表不相称，那你的美貌就无异于夏娃的苹果。"

第二则故事：18世纪，法国启蒙思想家弗朗索瓦-马利·阿鲁埃（François-Marie Arouet，笔名伏尔泰，Voltaire）最早记录苹果与英国物理学家艾萨克·牛顿（Isaac Newton）有关的故事。伏尔泰是从牛顿的外甥女凯瑟琳·巴沃那儿听到的。伏尔泰在《哲学通信》中写道："1666年，由于瘟疫流行，牛顿回到剑桥大学附近的故居。有一天，他在花园中散步，看到一个苹果从苹果树上落下，这样使得牛顿想到许多科学家所研究而未获突破的重力起源问题。"[2]

牛顿望着掉下的苹果，疑惑不解：苹果为什么会掉下来？为什么不飞到

苹果

天上去？这肯定是有什么力量在牵引着它。后来，在苹果落地的启发下，他于1687年发现了万有引力定律。“万有引力定律”是物体间相互作用的一条定律。任何物体之间都有相互吸引力，这个力的大小与各个物体的质量成正比，而与它们之间的距离平方成反比。

第三则故事：苹果是智慧的象征，把苹果作为企业标识的也是最聪明的作法。苹果公司标识的来历除了来自《圣经》的智慧之义，还有以下典故：

美国苹果公司联合创办人史蒂夫·乔布斯（Steve Jobs）是苹果集团创始人。苹果标识源于牛顿。苹果的第一个标识是牛顿坐在苹果树下读书的一个图案，上下有飘带缠绕，写着“Apple Computer Co.”字样，外框上则引用了英国诗人威廉·华兹华斯（William Wordsworth）的诗：“牛顿，一个永远孤独地航行在陌生思想海洋中的灵魂。”

苹果的第二个标识是一个环绕彩虹的苹果图案。1976—1999年，苹果公司一直使用这一标识。

1954年6月7日，英国数学家和逻辑学家阿兰·麦席森·图灵（Alan Mathison Turing）被发现死于家中的床上，床头放着一个被咬了一口的苹果。在英语中，“咬”（bite）与计算机的基本运算单位字节（Byte）同音，用一个被咬过的苹果暗合苹果是一家数字公司。史蒂夫·乔布斯表示：创造力就是把所有相关的事物连接起来。

阿兰·麦席森·图灵

第四则故事：德国童话作家雅各布·格林（Jacob Grimm）和威廉·格林（Wilhelm Grimm）在《白雪公主》中写道：在一个遥远的国度里，白雪公主遭到了女巫皇后的嫉妒，被魔镜告知，白雪公主是世界上最美丽的女人，皇后竟让士兵杀掉白雪公主。但面对天使般的公主，士兵放掉了公主。皇后想到了一个办法，她在鲜红的苹果外面，涂上毒药，去毒死白雪公主。“可爱的小姑娘，你要不要买一个又红又香的苹果呀！我送一个给你吃吧，相信你一定会喜欢的。”白雪公主接到苹果，咬了一口，昏倒在地上。最后王子的吻解开了毒苹果的魔咒，公主复活。

“不如眼前一醉是非忧乐两都忘”

北宋文学家苏轼《薄薄酒二首其一》：

薄薄酒，胜茶汤；

粗粗布，胜无裳。

丑妻恶妾胜空房。

五更待漏靴满霜，不如三伏日高睡足北窗凉。

珠襦玉柙万人祖送归北邙，不如悬鹑百结独坐负朝阳。

生前富贵，死后文章，百年瞬息万世忙，

夷齐盗跖俱亡羊，不如眼前一醉是非忧乐两都忘。

在美洲，酒瓶是大多数苹果的归宿。由苹果酿造的世界名酒种类很多，如杜姆伏龙泰卡尔瓦多斯酒、苹果利口酒、苹果白兰地、苹果冻酒、苹果果酒、奥日地区卡尔瓦多斯酒、波莫酒等。

苹果在中国

西汉辞赋家司马相如《上林赋》中写道：“枇杷橪肺，亭柰厚朴。”

明代李时珍《本草纲目》写道：“凉州有冬柰，冬熟。”

明代王象晋《二如亭群芳谱》记载：“柰，味甘，未熟者食如棉絮，过熟又沙烂不堪食。”

1871 年，美国长老会成员约翰·倪维思（John Livingstone Nevius）夫妇把现代苹果引种到山东烟台，开始了中国现代苹果栽培。现在的商品型苹果原产欧洲、中亚、西亚和土耳其一带。随着国外苹果品种的引进，中国古代苹果便失去了市场。

中国苹果的主产区主要集中在环渤海湾一带、黄土高原地带等地。这些品系的苹果与古代苹果相比，果形硕大、色泽明艳、口感爽脆。在全世界 90 多个种植苹果的国家中，中国已成为世界上最大的苹果生产国。

20 世纪 70 年代，很多中国人还没有见过苹果，笔者出生在河南邓州，吃到第一口苹果是在 1975 年。笔者所在的村庄有两兄弟在外地当兵，他们回乡探亲，给亲朋带来稀罕物——苹果，村上沾亲带故的每家分发一个苹果，笔者兄妹 5 人，分享一个苹果，每人分的一块苹果还不如一个糖块大呢，至今还能回想起第一次吃到的苹果味道。

注：

[1]［英］乔纳森·德罗里，［法］露西尔·克莱尔．环游世界 80 种树［M］．柳晓萍，译．武汉：华中科技大学出版社，2019．

[2]［法］伏尔泰．哲学通信［M］．高达观等，译．上海：上海人民出版社，2002．

四、丰富舌尖生活的植物

葡萄架

葡萄：

没有了葡萄酒，人类健康和精神都将是一片空白

甜在心里

葡萄（*Vitis vinifera*），俗名全球红，是一种落叶藤本，藤蔓长达 30 米。叶呈卵圆形。莎士比亚《亨利八世》：“在她统治时期，人人能在自己的葡萄藤架之下平安地吃他自己种的粮食，对着左邻右舍唱起和平欢乐之歌。”

葡萄果味鲜美，色泽鲜艳，富有营养。元人马钰《踏云行·葡萄》写道：“初似琉璃，终成玛瑙。攒攒簇簇圆圆小。”

莎士比亚《错误的喜剧》：“你是榆树，我的丈夫，我是葡萄藤，我的柔弱依托于你的坚强，让我能够借助你的力量而说话。”

莎士比亚《维纳斯与阿多尼斯》：“甚至像可怜的鸟，看见了画上的葡萄，眼睛饱餐一顿，肚子饿得难忍。”

莎士比亚《终成眷属》：“啊，我尊贵的狐狸，不吃葡萄了吗？但是我这些葡萄品种特别优良，只要您够得着，您一定会吃的。”

英国诗人安德鲁·马维尔（Andrew Marvell）《花园》：“我过的这种生活多美妙呀！成熟的苹果在我头上落下。一束束甜美的葡萄往我嘴上，挤出像那美酒一般的琼浆。”[1]

醉在身上

公元前6000年，红酒起源于古波斯。

关于红酒的产生有一则故事，说的是一个嗜爱葡萄的国王与一个失宠的妃子。国王将葡萄贮存起来后遗忘了，失宠的妃子欲寻短见，误将发酵的葡萄汁当毒药喝下，结果不仅没有死，还愈加貌美如花，妃子因此再受宠爱，葡萄酒由此产生。

葡萄甜在心里，醉在身上，没有哪种植物的果实既似糖，又似酒。

葡萄酒是人们愉悦、放松、发泄或醉不更事的“无情水”。那摇晃在杯中的红色液体，用一丝清洌的酸和甜，征服了人们的舌尖与喉咙。明代文学家冯梦龙《警世通言·苏知县罗衫再合》：

劝君休饮无情水，醉后教人心意迷。

清代文学家曹雪芹《红楼梦》写道：“倚酒三分醉。”

《红酒“源”》写道：“红酒，就像生命中的一部分。它美而不娇，内涵丰富，高贵而浪漫。精斟细酌下，涓涓而又悠长。觥筹交错间，浩浩不失大气。摄取葡萄魄，吟成窈窕篇。很多女人爱红酒，爱红酒的纯净、温暖，更爱被红酒燃烧后的诗意。只有酒的梦里，才有一个永远不会被红尘玷污、被岁月风蚀的自己……”

美国电影导演亚历山大·佩恩（Alexander Payne）《杯酒人生》里有一位想当作家的迈尔斯总是不忘举起那杯红酒，他认为自己的人生或许能在红酒的引诱下得到升华：葡萄酒在夜光杯中折射出来的光泽，可能是和灵魂最接近的一种光泽。

法国人曾说：“上帝赐予葡萄，我们用心智把它变成人间佳酿。”

美国物理学家本杰明·富兰克林（Benjamin Franklin）说：“葡萄酒的存在证明上帝爱我们，并且希望我们快乐。”

法国诗人夏尔·皮埃尔·波德莱尔（Charles Pierre Baudelaire）写道："地球上要是没有了葡萄酒，人的健康和精神都将是一片空白。这种空白比任何一种伤害都要严重，因为人生来就是享用葡萄酒的，谁如果从来没有品尝过葡萄酒，不管是主动的还是被动的，他不是笨蛋就是傻瓜。"

莎士比亚《雅典的泰门》："去，痛饮血红的葡萄美酒，直到你的血液在灼热下沸腾干枯。"

世界上葡萄名酒种类甚多，如阿瓜尔迪恩特酒、阿尔岑特酒、赫雷斯白兰地、干邑、雅文邑酒、梅塔莎酒。

中国酿出了"葡萄美酒"

葡萄原产欧洲、西亚。最早栽植葡萄的国家是在公元前 2400 年的古埃及。那时，在埃及、叙利亚、伊拉克、南高加索以及中亚地区都栽培葡萄并进行葡萄酒的酿制，后来向西传入意大利、法国等，向东传播到东亚。

新疆吐鲁番的葡萄架

中国葡萄酒

葡萄酒的酿制在中国起源很早，西汉史学家司马迁《史记》记载：公元前138年，张骞出使西域，看到“宛左右以蒲陶为酒，富人藏酒万余石，久者数十岁不败”。

中国人真正接触葡萄酒，是在唐朝以后。唐代边塞诗人王翰《凉州词》诗曰：

葡萄美酒夜光杯，欲饮琵琶马上催。

醉卧沙场君莫笑，古来征战几人回？

伴随着蒸馏技术的出现，元代开始生产葡萄烧酒。

到了清末，华侨张弼士在烟台建立了葡萄园和葡萄酒公司——张裕酿酒公司。

然而葡萄酒被中国人广为接受，更是近30年的事情了。

新疆葡萄甲天下，尤其以吐鲁番的葡萄最负盛名，吐鲁番是人们心目中的葡萄王国。走进吐鲁番，映入眼帘的是甜蜜的葡萄色，葡萄王国的本色在葡萄枝头，在葡萄架下，在葡萄沟，在葡萄节，在葡萄园流淌。根植于吐鲁番人灵魂的绿韵，是酿造甜蜜生活的智慧。当代诗人瞿琮《吐鲁番的葡萄熟了》写道：

> 克里木参军去到边哨，临行时种下了一棵葡萄。果园的姑娘啊，阿娜尔罕呦，精心培育这绿色的小苗。啊……引来了雪水把它浇灌，搭起那藤架让阳光照耀。葡萄根儿扎根在沃土，长长蔓儿在心头缠绕，长长的蔓儿在心头缠绕。葡萄园几度春风秋雨，小苗儿已长得又壮又高，当枝头结满了果实的时候，传来克里木立功的喜报。啊……姑娘啊遥望雪山哨卡，捎去了一串串甜美的葡萄。吐鲁番的葡萄熟了，阿娜尔罕的心儿醉了……

儿歌《蜗牛与黄鹂鸟》唱道：

> 阿门阿前一棵葡萄树，阿嫩阿嫩绿的刚发芽，蜗牛背着那重重的壳呀，一步一步地往上爬。阿树阿上两只黄鹂鸟，阿喜阿喜在笑他，葡萄成熟还早得很哪，现在上来干什么。阿黄阿黄你呀不要笑，等我爬上它就成熟了。

石榴：
健康的源泉，生育力的象征

“万绿丛中一点红”

石榴（*Punica granatum*），俗名若榴木、安石榴、花石榴，是一种落叶灌木或小乔木。叶通常对生，纸质，矩圆状披针形。

石榴花的花萼，具有漏斗状结构。鲜红色和深红色的皱瓣从花萼中盛开。

石榴花红如火者称为红石榴，花黄中带白的为黄石榴，洁白似玉的为白石榴，红底黄纹的为玛瑙石榴。印度诗人罗宾德罗纳特·泰戈尔说：

> 你离我有多远呢，果实呀？
>
> 我藏在你心里，花呀。[1]

石榴的拉丁名称意思是“拥有许多种子的苹果”。秋天石榴成熟，满树红果高挂，有的撑破了肚，咧嘴大笑，露出石榴籽，似透明的皓齿。

一个石榴里面的种子数量从200粒到1400粒不等。一颗颗饱满的果粒相互交错，挨得非常紧密。这些美味的果肉充分地弥补了种子的口感，也让一些人忽视了不知是要吐掉还是吞下种子的麻烦。[2]

生命之树

石榴的起源尚存争议。有人认为石榴原产于非洲之角与索马里之间海域的索科特拉岛，是由一种被称为原石榴（*Punica protopunica*）的野生种演化而来的。

相传在古代的欧洲，石榴曾经被选定为神圣植物之一。无论神殿的柱子、祭司的服饰，还是王室的徽章、石碑等，都选用石榴花、叶或果作为模样。

罗马神话中专司恋爱的丘比特（Cupid），经常手持石榴和弓箭履行其职责。石榴的果实有“结合”的寓意，古罗马人更相信石榴是伊甸园里的生命之树，象征着永生不死。

纵观历史，美味的石榴被认为是健康的源泉，它充沛的种子被视为生育力

石榴花

新疆塔克拉玛干沙漠周边的石榴树

的象征。在远古时期，石榴具有非常强大的吸引力，所罗门王在他著名的《雅歌》中将其情人的美和魅力与这种神秘植物的花和果相比较。据说这个苹果大小的橙红色果实的宿存萼是设计所罗门王皇冠的灵感来源，并由此成了未来所有皇冠的模型。[3]

西班牙把石榴视为富贵吉祥的象征，并把它奉为国花，在国徽上绘有红色的石榴。西班牙山区的野生石榴如同中国北方山区的酸枣（*Ziziphus jujuba var. spinosa*）、荆条（*Vitex negundo var. heterophylla*）一样，被视为寻常树。

伊朗在公元前就有石榴栽培，并向西传至地中海沿岸，至今德黑兰每年都要举办石榴节。莎士比亚《罗密欧与朱丽叶》中有“那刺进你惊恐的耳膜中的，不是云雀，是夜莺的声音：它每天晚上在那边的石榴树上歌唱”[4]。

石榴创造了世界名酒。作为加在水中的甜味剂，石榴糖浆在19世纪80年代风靡法国的咖啡馆。1910年，纽约的“圣雷吉斯”酒店开始供应一种由金酒、石榴、柠檬汁和苏打水调制的名叫“波利”的鸡尾酒。[5]

莎士比亚《终成眷属》说：“你在意大利，就因为从石榴里掏了一粒籽，被人家揍过。”

石榴这种水果的果皮里面，长满了无数的种子，在早期希腊人的眼中，成为一种多产和生命的象征。根据公元200年帕萨尼亚斯的记载，在阿尔戈斯的赫拉神殿，有一个用金和象牙做的赫拉雕像，她的手中就抱着石榴。

珀耳塞福涅是希腊神话中冥界的冥后，也是丰产女神。在古典艺术中，她的形象有两个：一是作为冥后，她同哈德斯在一起，一手执火炬，一手执石榴；另一个作为丰产女神，她是一位少女，手执禾穗或者正在采花。

石榴影响中国

公元前200年，石榴传入中国，最初在陕西关中一带栽培。西晋文学家张华《博物志》记载：“汉张骞出使西域，得涂林安石国榴种以归，故名安石榴。”

石榴花色彩火红绚丽，常被当成高贵吉祥、欢乐轻快的象征。

北宋文学家王安石《咏石榴花》诗曰：

浓绿万枝红一点，动人春色不须多。

北宋文学家苏轼《阮郎归》诗曰：

微雨过，小荷翻，榴花开欲然。

西晋文学家潘岳在《安石榴赋》中写道：“丹葩结秀，朱实星悬，接翠萼于绿叶，冒红芽于丹顶。千房同膜，十子如一。”

唐代诗人元稹《感石榴二十韵》云：“何年安石国，万里贡榴花。”

五代张洎《贾氏谈录》记载："在莲花汤西，是杨贵妃浴处。汤的北边有七圣殿，绕殿遍植石榴，皆杨贵妃所植。"

明代王象晋《二如亭群芳谱》记载，花石榴有：饼子榴，花大，不结实。番花榴，出山东，花大于饼子。另有千瓣白、千瓣粉红、千瓣黄、千瓣大红。黄榴色微黄带白，花比常榴差大。火石榴，其花如火，树甚小。栽之盆，颇可玩。四季石榴，四时开花（秋）结实，实方绽，旋复开花。

在中国每逢青年人结婚或喜生贵子之际，亲友们常赠石榴或送绣有石榴的花枕头。在古代的中国，石榴与槟榔、美人蕉一样，都象征"多子多孙"。石榴被喻为繁茂、昌盛、和睦、团结的吉庆佳兆。

石榴花瓣呈倒阔卵形，略具皱褶，边缘齿状裂刻恰似女子的裙摆，色泽鲜明、曲线盈妙，引人遐思。它的花和果皮晒干捣碎可研汁染布，制作裙裤，颇受古时女子钟爱。自古至今，英雄难过美人关，大都拜倒在石榴裙下。

南朝梁何思澄《南苑逢美人》诗曰：

风卷葡萄带，日照石榴裙。

腰系葡萄绿色的绸带，下着石榴红色的裙子，红绿映衬，光彩耀眼。

据说杨贵妃很喜欢石榴，为此，唐玄宗在华清宫附近种石榴供她观赏。唐玄宗爱看醉态杨贵妃，常把贵妃灌醉以欣赏她那妩媚之态。而石榴是可以醒酒的，唐玄宗常剥石榴喂到杨贵妃口中。一天，唐玄宗邀群臣宴会，请杨贵妃奏曲助兴。杨贵妃在曲子奏到最动听之时，故意把一根弦弄断，使曲子不能演奏下去。唐玄宗问其原因，杨贵妃说，因为听曲的臣子对她不恭敬，司曲之神为她鸣不平，故把弦弄断了，唐玄宗于是降下旨意：以后无论将相大臣，凡见贵妃均须行跪拜礼。于是拜倒在石榴裙下之说开始流传，至今成了崇拜女性的俗语。

唐代诗人白居易《官宅》诗曰：

移舟木兰棹，行酒石榴裙。

唐代诗人万楚《红裙妒杀石榴花》诗曰：

眉黛夺将萱草色，红裙妒杀石榴花。

宋代刘铉《乌夜啼·石榴》云：

垂杨影里残红，甚匆匆。只有榴花，全不怨东风。暮雨急，晓鸦湿。绿玲珑。比似茜裙初染，一般同。

老舍《四世同堂》中写道：“她，不光能盯住美国人、英国人，还能弄得德国人、意大利人、法国人、俄国人，一股脑儿都收在她的石榴裙下。”

注：

[1] [印度] 罗宾德罗纳特·泰戈尔. 泰戈尔诗选 [M]. 郑振铎，王立，译. 北京：译林出版社，2021.

[2] [英] 乔纳森·德罗里，[法] 露西尔·克莱尔. 环游世界 80 种树 [M]. 柳晓萍，译. 武汉：华中科技大学出版社，2019.

[3] [英] 沃尔夫冈·斯塔佩，[英] 罗布·克塞勒. 植物王国的奇迹：果实的奥秘（第 2 版）[M]. 师丽花，和渊，译. 北京：人民邮电出版社，2020.

[4] [美] 格瑞特·奎利. 莎士比亚植物诗 [M]. 尚晓蕾，译. 北京：中信出版集团，2022.

[5] [美] 艾米·斯图尔特. 醉酒的植物学家：创造了世界名酒的植物 [M]. 刘夙，译. 北京：商务印书馆，2020.

胡椒：

得益于胡椒贸易，银行业才在威尼斯站住了脚跟

具有撩人香味的一株藤蔓

胡椒（*Piper nigrum*）是一种多年生藤本植物。叶厚，近革质，呈阔卵形至卵状长圆形。果味辛辣。胡椒分黑胡椒和白胡椒，它们都是由胡椒浆果制成。黑胡椒由未熟、受伤和自落的果实加工而成，是将鲜果直接晒干或烘干脱粒而成；白胡椒是由种仁饱满、成熟度适中的果实加工而成，将鲜果在流水中浸泡脱皮干燥而成。

胡椒

胡椒为世界调味

古希腊医师希波克拉底（古希腊文 Ιπποκράτης）将黑胡椒列为药材。中医认为，胡椒少量服用，能促进胃液分泌，增进食欲，还可以治牙疼等。感冒初期，服一剂葱、姜、胡椒汤，出一身汗，便可痊愈。

胡椒几乎成了一切食物的调味品。尽管不是各种菜都用胡椒，但菜里撒上那么一点儿，确实别有风味。

胡椒植株

莎士比亚《第十二夜》：“挑战书已经写好在此，你读读看，我保证它还带着醋和胡椒的呛酸味儿呢。”

胡椒是香料之王，全世界人们都在享用它，可能只有盐才能与它一较高下。菜品的调味很重要，盐是灵魂，胡椒是生命。若忍受不了辣椒的辣味，那就来一把胡椒，不仅调香，而且调辣。

我们得感谢黑胡椒在那个特别的远征时期散发出的撩人香味，正是因为它独有的魅力，新大陆才得以展现出自己的全貌。[1]

如果有香辛料的话，就能够让肉更新鲜，更好地保存其风味了。“随时随地吃到美味的肉”是一种奢侈的生活，而香辛料是能够实现这种生活的“魔法药粉”。[2]

印度把使用香辛料的料理统称为“咖喱”，并从印度米和香辛料混合后的名为 masala 的菜中衍生出了咖喱饭。[3]

曾使世界波澜壮阔

胡椒原产印度西海岸马拉巴省高止山脉西麓。关于胡椒的最早记载，见于希腊哲学家第阿弗拉斯（Theophraste）在公元前 372—前 287 年的著述。

胡椒素有“黑色黄金”美称，曾经被作为货币使用。在古埃及，人们在研究法老拉美西斯二世（Ramesses II）的木乃伊时，从木乃伊的鼻孔中发现有黑胡椒。在古希腊、古罗马的菜单上，有胡椒的名字。

408 年，哥特人（Goths）向意大利索取胡椒与黄金被拒绝，于是出兵占领了罗马。意大利当局只能按哥特人的要求，收集 3000 磅胡椒，赎回罗马。

1499 年，西班牙人从印度运回一批胡椒，波兰人得知消息后，立即派出军队前去掠夺，双方展开了激战，近万人为此献出了生命。

历史上，北欧人不能没有胡椒，他们拥有胡椒是为了保存肉食。电冰箱、冷库出现之前，肉食无法长期保存，除非寒温带及寒带地区的人，把肉食放到长达半年不融化的雪地里。在青草旺盛的夏季放养牲畜，到了冬天，没有足量的青草供应大量动物食用，只好在入冬前杀掉一部分。那时保存肉食的方法只能是晒干或盐腌，若没有胡椒调味，这种肉食难以下咽。

在中世纪的欧洲，“他没有胡椒”，就意味着该人无足轻重。那时，胡椒可以做妇女的嫁妆，可以用作对士兵的奖赏。梵文中曾记载：罗马商人来时带着金子，走时带着胡椒，整个莫西里城响彻着买卖的喧嚣声。在沙捞越，商人用装有胡椒的口袋作枕头睡觉。

1171 年，威尼斯银行成立，这是世界上最早的银行，随后意大利、德国、荷兰先后成立了银行。从一定程度上说，正是得益于利润丰厚的胡椒贸易，银行业才在威尼斯站住了脚跟。[4]

威尼斯由 118 个岛屿组成，曾经是威尼斯共和国的中心，也是 13 世纪至 17 世纪末一个重要的商业艺术重镇，堪称世界最浪漫的城市之一。

给中国人调味

胡椒什么时候传入中国仍在争议中，有人认为是在汉朝。

古时候的中国人有个习惯，就是给西方或者北方传进来的东西起名时，常让它们姓“胡”。胡瓜（黄瓜的旧称）、胡桃、胡豆（蚕豆）、胡蒜（大蒜）、胡萝

海南兴隆热带植物园中的胡椒

卜等，这些胡姓的“胡”字其实代表着古代北方和西方的民族。“胡”系列大多为两汉两晋时期由西北陆路传入。因为胡椒具有辣椒、花椒（*Zanthoxylum bungeanum*）一样的特点，都带有刺激性气味，于是就有了“胡椒”这个名字。

中国古代的香辛料中，本土培育的可能是花椒。如今，胡椒成为中国辣味食品的主要调料，是中国人厨房里最受欢迎的香料之一。

追溯中国的银行业也是由胡椒推进的。1845 年，中国的第一家银行是英国在香港成立的丽如银行，即后来的东方银行。1897 年在上海成立的中国通商银行，是中国自己创办的第一家银行，标志着中国现代银行的产生。

注：

[1] [美] 凯瑟琳·赫伯特·豪威尔．植物传奇：改变世界的 27 种植物 [M]．明冠华，李春丽，译．北京：人民邮电出版社，2018．

[2] [3] [日] 稻垣荣洋．撼动世界史的植物 [M]．宋刚，译．南宁：接力出版社，2019．

[4] [英] 比尔 · 劳斯．改变历史进程的 50 种植物 [M]．高萍，译．青岛：青岛出版社，2016．

西瓜：

在卡拉哈里沙漠，西瓜便是饮用水的重要来源

西瓜 & 无籽西瓜

西瓜（*Citrullus lanatus*），俗名寒瓜，是一种藤蔓草本植物。叶呈绿色，微带白粉，上有羽状深裂。果皮颜色或青或绿或白，果实有圆形、卵形、椭圆形、圆筒形等，重10—15千克。果肉具有乳白、淡黄、深黄、淡红、大红等色。肉质分紧肉和沙瓤。

无籽西瓜

1947年，无籽西瓜最早是由日本的木原培育成的，1949年投入生产。无籽西瓜属于三倍体植物。三倍体植物由于染色体配对紊乱，不能产生正常的生殖细胞，几乎没有种子。培育三倍体西瓜，首先选择优良的二倍体，人工诱变成为四倍体。诱变方法是将二倍体西瓜种子

用适当浓度的秋水仙素浸种一定时间，然后播种。或把秋水仙素点滴在幼苗生长点上，由于细胞分裂时受到秋水仙素的刺激，使已经一分为二的染色体不能再分到两个新细胞中去，都留在原来的细胞中，这样染色体由 22 个变成 44 个，而细胞却还是一个。当秋水仙素的药效停止后，细胞又进行正常分裂，染色体按着加倍后的类型复制，因而植株的细胞就成了四倍体。诱导成功的四倍体为母本，与二倍体品种父本进行杂交制种，就可在四倍体植株上获得三倍体种子。

2016 年 7 月 31 日，在河南省新郑市的一处瓜田里，笔者亲见 2 株单株结实最多的西瓜，其中一株西瓜秧上结了 131 个西瓜，另一株结了 114 个西瓜，大部分西瓜单个重量在 10 千克以上，最大的西瓜有 15 千克重。单株西瓜上结了 131 个西瓜，创下了当时的吉尼斯世界纪录。

中国人夏季疗饥消暑之果

西瓜原产非洲，约在魏晋南北朝时引进中国。西瓜传入中国后，先在新疆

河南新郑单株西瓜秧上结了 131 个西瓜，创吉尼斯世界纪录

广州百万葵园

落户，后由契丹人传入东北和内蒙古，元代以后才逐渐传入中原一带。

西瓜是夏季的时令水果，有消暑沁凉的效果，古人称为“寒瓜”。魏晋南北朝时期已有寒瓜的记述。

宋代开始称寒瓜为“西瓜”，南宋诗人范成大《咏西瓜园》诗曰：

碧蔓凌霜卧软沙，年来处处食西瓜。

明代农学家徐光启《农政全书》记载：“西瓜，种出西域，故名之。”

明代小说家吴承恩《西游记》第一回对花果山的植物描述道：“摆开石凳石桌，排列仙酒仙肴。但见那：鲜龙眼，肉甜皮薄；火荔枝，核小瓤红……红瓤黑子熟西瓜……椰子、葡萄能做酒，榛松榧柰满盘盛，橘蔗柑橙盈案摆。”

明代医药学家李时珍《本草纲目》记载：“按胡娇于回纥得瓜种，名曰西瓜。则西瓜自五代时始入中国，今南北皆有。”

吃西瓜可以大量补充人体所需要的水分，在天气炎热的时候，多吃西瓜可以排出体内多余的热量和毒素。在西瓜的故乡卡拉哈里沙漠，西瓜便成为干净安全的饮用水的一个重要来源。[1]

西瓜浆汁可治口疮、肾炎、浮肿、糖尿病、黄疸，并能解酒毒。把干瓜皮研成细末，加香油调敷，可治疗烧、烫伤。中国有句谚语：

夏日吃西瓜，药物不用抓。

西瓜子炒熟味道鲜美，是一种大众化的消闲食品。我们可以同样想到当年最火爆的嗑瓜子文化，都是因为这些食物具有最广泛的消磨时间作用，不至于一下子就被吃完。[2]

西瓜子

注：

[1] [英] 约翰·沃伦. 餐桌植物简史：蔬果、谷物和香料的栽培与演变 [M] . 陈莹婷，译. 北京：商务印书馆，2019.

[2] [美] 戴维·考特莱特. 上瘾五百年：烟、酒、咖啡和鸦片的历史 [M] . 薛绚，译. 北京：中信出版社，2014.

菠萝：

它是彬彬有礼的巅峰

长在地上的“松果”

凤梨（*Ananas comosus*），俗名菠萝、菠萝皮、草菠萝、地菠萝，是一种多年生常绿草本植物，单生直立，肉质茎，被螺旋着生的叶片所包裹。菠萝利用CAM机理（景天酸代谢途径）进行光合作用。这类植物在夜间从大气中吸收二氧化碳。因为在极端高温和干旱的地区，植物叶片的毛孔在白天是关闭的。头状花序顶生，由50—170朵小花聚合而成，小花无柄。长到一两年时，中间会伸出一根茎干用于开花，这根茎会在顶端长粗，发育成一个花序。花序继续生长，在顶端长出一簇紧凑的坚硬短叶。不久之后，每朵花都结出一个小果实。它们融合起来，长成一个巨大的聚合“假果”并继续生长，变成一个富含汁水的肉质菠萝，高度可达30厘米。外面的鳞片是小花的残留。[1]

1557年，泰韦在《法国南端的独特性》中写道：“（菠萝）果实大小如中等个头的南瓜，但外形更像松果……这种水果在成熟后会变成黄色，此时的口感和味道俱佳，如细砂糖般惹人喜爱，却又更香甜袭人。”

爱尔兰剧作家理查德·布林斯利·谢立丹（Richard Brinsley Sheridan）在《情敌》中写道：“它是彬彬有礼的巅峰。”

1675年，英国国王查理二世（Charles II）御用园丁约翰·罗斯向国王进献

凤梨

了一个外观奇特、满是疙瘩的水果。查理二世面色有些沉郁地对着这份献礼。这一幕被宫廷画家亨德里克·丹克特用画笔记录下来，这个水果就是菠萝。

西班牙编年史家费尔南德斯·德奥维多在《西印度通史与自然研究》中也写道："它的味道比桃子更甜美，只要一两颗果实就足够我们回家路上吃了。在我看来，无论外观还是味道，它都是世界上最好的水果之一。"[2]

引发世界温室风潮

得益于"菠萝炉"问世，温室和花房流行开来。[3]

菠萝在历史上曾引发兴建温室风潮。18、19 世纪，当一群园丁在温室里充满爱意地照料凤梨，并用煤火或一堆腐烂的粪肥来为温室供暖时，贵族们食用凤梨作为其社会地位象征的做法已经颇为流行。[4]

1851 年，在伦敦建造了一座玻璃宫殿，由此引发了一股建造温室的狂潮。之后，出现了双拱瓜果房、普通植物暖房、井架式温室、单坡温室等。

19 世纪，在园艺作家詹姆斯·雪莉·希博德的眼中，温室就是美的化身："满满一屋瓜果，在双目与太阳之间展现出一片厚重的由绿叶组成的幕墙。墙下挂着果实……这是整个园艺展览中最悦目的景象之一。"[5]

如细砂糖般惹人喜爱，却又更香甜袭人

菠萝原产地很可能在巴西内陆的热带地区。1493 年，意大利航海家克里

澳大利亚墨尔本的一处温室

斯托弗·哥伦布在瓜德鲁普首次看到菠萝。后来又于 1502 年在巴拿马再次见到它。

1605 年，葡萄牙人将菠萝苗带入澳门。目前，中国是世界第五大菠萝生产国。广东湛江徐闻菠萝是全国农产品地理标志，生产了中国 40% 以上的菠萝，成为中国最大的菠萝生产基地。

泰国芭提雅一处农业园区的菠萝小品

注：

[1] [英] 彼得·布拉克本－梅兹．水果：一部图文史［M］．王晨，译．北京：商务印书馆，2017.

[2] [葡萄牙] 若泽·爱德华多·门德斯·费朗．改变人类历史的植物［M］．时征，译．北京：商务印书馆，2021.

[3] [5] [英] 比尔·劳斯．改变历史进程的 50 种植物［M］．高萍，译．青岛：青岛出版社，2016.

[4] [英] 约翰·沃伦．餐桌植物简史：蔬果、谷物和香料的栽培与演变［M］．陈莹婷，译．北京：商务印书馆，2019.

辣椒：
使人有痛觉的植物

辣椒地
紫色辣椒

一种果实味道火辣的植物

辣椒（*Capsicum annuum*），品种有甜辣椒、柿子椒、彩椒、甜椒、菜椒、簇生椒等，是一年生或有限多年生草本植物。五角星形的花朵单生于叶腋。果实呈长指状，顶端渐尖且常弯曲，未成熟时绿色，成熟后红色、橙色或紫红色。

辣椒主要有两种类型：一类是无辣味或辣味很小的甜椒（*Capsicum annuum var. grossum*）；另一类是具有浓烈辣味的朝天椒。它们的辣味可以赶走伤害种子的真菌以及不喜欢辣味的动物。对人类来说，辣椒的味道可能太火辣了，但对于传播其种子的鸟类来说一点也不辣。

在中南美洲，有一种“野鸟椒”

的野生变种（*Capsicum annuum var. aviculare*）的果实很小，味道却是非常之辣。

甜椒

人们为什么吃辣椒

辣椒是人们喜爱的蔬菜之一，含有辣椒素。辣椒具有健胃、祛风、散寒的功效。适当地食用辣椒可刺激舌上的味蕾，促进唾液分泌及淀粉酶的活性，增加人们的食欲。

1529 年，圣方济各会修士贝尔纳迪诺·德萨哈冈（Bernardino de Sahagún）记录了阿兹特克人饮食习俗：在食用青蛙时要配上绿辣椒，食用蝾螈时配上黄辣椒，食用蝌蚪时配上小辣椒，食用龙舌兰虫时配上小辣椒酱，食用大龙虾时配上红辣椒。[1]

侯元凯《奇妙的植物世界》中写道："早先人们吃辣椒，可能是由于生活艰苦，吃的东西很多难以下咽，因此，吃饭前先大口嚼些辣椒，使舌头首先辣起来，然后才能大口咀嚼那些难以下咽的食物，待舌头不再感觉辣了，肚子也就饱了。"[2]

还有人解释道，吃辣椒时会使人产生烧灼感，让大脑误以为身体受伤了，大脑通过发出疼痛信号的方式做出回应，自动分泌内啡肽来止痛。而内啡肽使人产生愉悦感，所以很多人会吃辣椒上瘾。

印度的咖喱最初使用的是胡椒等香辛料，如今，辣椒成了做咖喱时必不可少的调味品。

1912 年，药剂师威尔伯·斯高威尔（Wilbur Scoville）发明了测量辣椒素含量多寡的方法，也就是辣椒以糖水稀释到多少倍，才能使舌尖感受不到辣味；需要愈多的糖水稀释，代表它更辣。按照 0 到 350000 的分级，参加斯高威尔

晒辣椒

试验的志愿者给灯笼椒的辣度分值为 0 到 100，而苏格兰帽椒和哈瓦那辣椒的辣度则高达 100000 到 300000。世界上最辣的辣椒之一据说是产自印度东北部阿萨姆邦、孟加拉国和斯里兰卡的印度断魂椒。

刺激中国人的味蕾

辣椒原产美洲中南部和西印度群岛。

1490 年，地中海的人们前往一些国家寻找黑胡椒的替代品，他们找到了辣椒。

16 世纪前，中国人吃到的辣味都是用茱萸调味的。

1578 年，李时珍《本草纲目》未有辣椒的记载。

辣椒架

1591 年，明代高濂《遵生八笺》写道：“椒丛生，白花，果俨似秃笔头，味辣，色红。”

辣椒传入中国的途径有两条：一条经陆路丝绸之路，在甘肃、陕西等地栽培；另一条经海上丝绸之路，在广东、广西、云南栽培。

1764 年，辣椒名称开始见于乾隆二十九年的《柳州府志》。

19 世纪末，甜椒传入中国。

农家屋外墙壁上挂着辣椒

中国最先接受辣椒的是贵州人。早先，在川菜菜谱里，没有辣椒，那时四川人不吃辣，辛辣味来源于川姜及花椒。

如果说红薯改写了中国人吃粮食的历史，那么辣椒就改写了中国人吃菜的历史。

生活在东北的人们也许都会记得，在乡村的泥草房房檐下，串串红红的辣椒，尤其是在大雪过后的清晨，皑皑白雪和红色的辣椒形成了鲜明的对比，就像把一串音符排列在生活的琴弦上，季节给它填词，田园给它谱曲，布衣应聘为歌手。

陕西礼泉袁家村碾辣椒场景

红辣椒，一串一串的，似珍珠，像玛瑙，如同喜庆日子燃放的鞭炮。

佘致迪作词、宋祖英演唱的《辣妹子》唱道：

辣妹子从小辣不怕，辣妹子长大不怕辣，辣妹子嫁人怕不辣，吊一串辣椒碰嘴巴。辣妹子从来辣不怕，辣妹子生性不怕辣，辣妹子出门怕不辣，抓一把辣椒会说话……

注：

[1] [美] 凯瑟琳·赫伯特·豪威尔. 植物传奇：改变世界的 27 种植物 [M]. 明冠华，李春丽，译. 北京：人民邮电出版社，2018.

[2] 侯元凯. 奇妙的植物世界 [M]. 北京：中国人民大学出版社，2021.

番茄：
曾被认为对人身体没有什么营养，毫无价值

叶似艾，花似榴

番茄（*Lycopersicon esculentum*），俗名番柿、西红柿、蕃柿、小番茄、小西红柿、狼茄，是一年生或多年生草本植物。Lycopersicon 意思是恶狼的桃子。番茄的食用部位是多汁的浆果，果有圆形、扁圆形、长圆形、尖圆形，果色有大红、粉红、橙红和黄色。清代汪灏《广群芳谱》谓：“茎似蒿，高四五尺，叶似艾，花似榴，一枝结五实或三四实……草本也，来自西番，故名。”

未长熟的番茄

1929 年，美国科学家格利克用营养液种出了一株高达 7.5 米的番茄。他架着梯子采下 14 千克果实。无土栽培番茄每年每平方米产量可达 52 千克。

番茄曾被认为毫无价值

全世界人都热爱番茄，然而起初英国人却不愿意吃这种果蔬。在欧洲，番茄曾被当作有毒的植物。其实茄科植物大多是有毒的，如颠茄（*Atropa belladonna*）、曼陀罗（*Datura stramonium*）。但是番茄的毒来自茎和叶，它的果实无毒。

番茄最早生长于南美洲的秘鲁和墨西哥，是一种生长在森林里的野生浆果。因为色彩娇艳，当地人把它当作有毒的果子，视为“狐狸的果实”，又称之为“狼桃”，无人敢食用。当地传说吃了狼桃就会起疙瘩长瘤子。正如色泽娇艳的蘑菇有剧毒一样，未曾有人敢吃上一口。

16 世纪，英国有位名叫俄罗达拉的公爵从南美洲将番茄带回英国，

番茄

西方油画中的西红柿

作为爱情的礼物献给了情人伊丽莎白女王以表达爱意。

为什么番茄被认为是有毒的呢？

1590年，番茄被引进英国。最早的耕种者是一个名叫约翰·杰勒德（John Gerard）的医生，尽管杰勒德听说番茄在西班牙和意大利可以食用，但他仍坚持认为番茄有剧毒。1597年，约翰·杰勒德在《本草志》中写道：“（番茄）整株植物臭气熏天……但它们对身体没有什么营养，同时毫无价值。”正是杰勒德使番茄延续了长达几个世纪的有毒之说。

还有一个原因，由于欧洲人认为番茄是酸性的，他们试图用番茄清洗印刷机的锡板。结果时好时坏，因为大量铅从锡盘中释放出来，导致印刷人员出现铅中毒的症状。当时人们并不认为是重金属铅元素引起的，而认为是番茄造成的。欧洲人越来越相信杰勒德的有毒观点，更不敢吃番茄了。

不同品种的番茄

17世纪，有一位法国画家曾多次描绘番茄，面对番茄美丽的浆果，实在抵挡不住它的诱惑，于是亲口尝了，他居然没事，于是“番茄无毒可以吃”的消息就传开了。

18世纪，意大利厨师用番茄做成佳肴。

1820年，美国人罗伯特·吉本·约翰在美国新泽西州萨拉姆地方政府的办公大楼台阶上向公众作了吃番茄表演。从此吃番茄的人慢慢多起来，种植面积也随之扩大。

番茄是水果还是蔬菜？在尼克斯（Nix）诉赫登（ Hedden）案中，这个辩论被带到了美国最高法院，在1893年5月10日的最终裁定中番茄被划分为蔬菜。

更晚被中国人认识

番茄起源于南美洲的安第斯山脉，包括秘鲁、厄瓜多尔、玻利维亚等。

在17世纪中叶，番茄由传教士带入中国，至清光绪年间，北京农事试验场开始种植番茄。

“番”系列的，比如番薯、番椒、番石榴（*Psidium guajava*）、番木瓜（*Carica papaya*）等，大多为南宋至元明时期由“番舶”（外国船只）传入。

番茄传入中国之后，因为跟中国的柿子外形相似，所以中国人称它为“西红柿”。

1900年，番茄传入中国，曾经被认为有毒没有人吃，仅作观赏用途，种植

植物科学画中的番茄

毕加索创作的静物画《番茄》

山东寿光蔬菜博物馆种植的番茄

面积少。1950年，中国发现原来番茄是没有毒的，慢慢地就被推广开来。

张德纯在《蔬菜史话·番茄》中写道："北京南郊西红门村早在150年前就开始种植蔬菜。据村里老人讲，早年间村里从未种过番茄，1950年村北头胡姓人家始种番茄，但没人吃。直到1955年，村民孟繁章种植番茄送到城里去卖，才开始北京郊区农户种植番茄的历史。"

凌云《花与万物同：24科植物图文志》中写道："我父亲曾不厌其烦地给我讲他第一次吃番茄的故事，那还是20世纪50年代，他刚走出四川大山来北京上大学，一帮同学逛街发现了从没见过的番茄，被其美貌吸引，买了一网兜，才两分钱。他率先吃了一口：什么怪味！立马扔了，后面几个同学也不敢尝了，整兜子丢在路边。"[1]

如今番茄成了中国人餐桌上的常客，成了人们生活中一种家常菜。

番茄在中国的种植面积仅次于大白菜而居于第二位，它生熟皆可食，既可作主菜，还可制成番茄汁、番茄酱。

注：

[1] 凌云．花与万物同：24科植物图文志［M］．北京：中国工人出版社，2019．

五、推动农业进步的植物

小麦在扬花

小麦：

大量淀粉颗粒在显微镜下犹如块状玻璃一般闪闪发光

模样俊俏的小麦

小麦（*Triticum aestivum*）是一年生草本植物。叶脉平行，茎中空有节，穗状花序，每朵小花没有花瓣但有颖片，颖片上有的有芒刺。由于播种和收获季节的不同，栽培的小麦有两种：一种是冬小麦，在温带地区于 9 月底或 10 月播种，翌年 5 月成熟；另一种是春小麦，3 月以后播种，当年成熟。

莎士比亚《仲夏夜之梦》中说：“你甜蜜的声音比小麦青青、山楂吐蓓蕾的时节送入牧人耳中的云雀之歌还要动听。”[1]

天上的粮食呀，带给了人类荣光

小麦没有直接的祖先，它是山羊草（*Aegilops tauschii*）和野生二粒小麦（*Triticum dicoccoides*）的杂交品种。小麦原产中东和小亚细亚。

在古埃及的石刻中，人们从古埃及金字塔的砖缝里发现了小麦，当人类还住在洞穴里的时候，就把野生的小麦当作食物了。

小麦是最早被种植并大量储藏的谷物之一，它让人类从狩猎采集时代进入了农耕时代，使人类建立起城邦国家，进而发展成巴比伦和亚述帝国。

目前，小麦播种面积居粮食作物播种面积的第一位。世界上重要的小麦生产国有阿根廷、加拿大、中国、印度、乌克兰和美国。莎士比亚《暴风雨》中说：“最富饶的女神，你肥沃的田地生长着小麦、黑麦、大麦、野豌豆、燕麦和豌豆。”[2]

小麦在全球的大面积种植，破坏了生物多样性

唐代文学家柳宗元《闻黄鹂》诗曰：

目极千里无山河，麦芒际天摇清波。

北宋文学家王安石《后元丰行》诗曰：

麦行千里不见土，连山没云皆种黍。

小麦在全球的大面积种植，使生物多样性遭到了破坏。生物多样性是指在一定时间和一定地区所有生物物种及其遗传变异和生态系统的复杂性总称。生物多样性包括物种多样性、基因多样性、生态系统多样性。美国生物学家、博物学家爱德华·威尔逊（Edward O. Wilson）在《生命的未来》中说道：“生物多样性的重要意义，首先体现在我们吃的每一口食物上——自然生物多样性是农业生物多样性的基础。”

麦穗

人类栽培过近 3000 种植物，经过淘汰、传播和交流，遍及全球的仅有 150 多种，而目前全世界人口的主要衣食来源仅靠 15 种作物。

随着人口的增长、气候的变化和可供开垦的土地越来越少，人类亟需找到更为丰富和高产的种植品种。要想实现这个目标，就不得不依靠遗传基因的多样性。

除了农业，医药界是另一个随时等着要攫取生物多样性宝藏的领域。制药业目前已从野生生物体内抽取到大量有用成分。

如今，抗生素、抗疟疾药、强心剂和心律调节剂、抗癌药、退烧药、免疫抑制剂、人工激素、麻醉剂、止痛药、消炎药、避孕药、抗抑郁药，都是源自物种多样性。

气候的调节，淡水的净化，土壤的形成，营养物质的循环，废弃物的降解与再生，作物的受粉，以及木材、粮草和燃料的生产都依赖生态系统多样性。

爱德华·威尔逊在《生命的未来》中写道：“生态系统的结构是极其复杂的，任何一个物种的缺失都对其正常运转产生或大或小的影响，因此保护物种多样性不只是出于人道主义或同情心，更多的是为了保护整个

小麦播种农具——耩子

青青麦苗，小羊的最爱

喜马拉雅山脉下的麦田

地球生态环境，也可以说是为了人类自己，这是鱼和水的关系。”

克里斯托弗·劳埃德在《影响地球的100种生物》中说：“(生物多样性）美丽、协作、欺骗、寄生等是如何将陆生生命编织进一幅丰富多彩的物种地毯之中。”

一切都是为了填饱肚子

我们的祖先完成了人类历史上“最伟大”的发现。由于发现了产生基因突变的“一粒小麦”，人类结束了狩猎生活，开始了农耕文明。[2]

克里斯托弗·劳埃德在《影响地球的100种生物》中说：“(小麦）让数百万人免于饥饿但不能在野外存活的一种高营养转基因禾草。”

卢宝荣在《一部食物的演化史，是什么让我们有了更多的选择?》中谈道：“人类的演化史，也是食物的演化史，餐桌的演化史。人类起源已有200多万年，从一开始，人类生活最大的任务就是获取食物。”

中国20世纪70年代的麦收季节

一切生命体都有两个重要的过程，一是新陈代谢，以使生命体得以存活；二是自我复制，以使生命体得到繁衍。而支撑这两个重要的生命过程的都是“吃饭”。

表现 20 世纪 70 年代中国小麦丰收的剧照

一万年前，那时全球人口仅为 100 万左右。人类从完全依赖大自然赏赐，发展到开始改良、驯化植物和动物；从不断寻找食物，发展到坐等丰收；从不断迁徙，发展到定居一地。食物种类、数量及营养成分均得以改善，使全球人口数量在 1700 年达到 6 亿。

中国农村的晒麦场

工业革命带来了新的技术，机械化、作物改良、人造肥料等，大大提高了小麦生产力。

数千年来，小麦的颖果是人类的主食之一，每个麦粒就是食物贮存器，里面有蛋白质、淀粉。

切开了一粒（麦粒），看到里面的关键特征：大量淀粉颗粒在显微镜下犹如块状玻璃一般闪闪发光。[3]

磨面的碾

一碗面条，一顿饭

小麦面粉用于制作面包、馒头、饼干、面条等，小麦发酵后制成啤酒、白酒。面食、啤酒、烈酒是小麦的三大产物。酿造啤酒所使用的原料主要包括大麦麦芽、小麦麦芽、大米、啤酒花、酵母等。

引领中国走向农业文明

4000 年前，小麦和大麦沿着中亚、新疆、河西走廊传入中国。中国发现的最早的小麦遗址在河姆渡附近。

中国第一次农业革命是在商朝。春秋战国时期，人们的主要粮食还是豆类。麦类传入中国，引起了中国饮食结构的变革，中国人开始吃麦子，从此走向农耕文明。《诗经》：“硕鼠硕鼠，无食我麦。”《周颂 · 臣工》曰：“如何新畬？于皇来牟。”《周颂·思文》曰：“贻我来牟，帝命率育。”诗中的“来”就是小麦。

馕饼是新疆维吾尔、哈萨克等族民间传统主食

中国的谷类大都以“禾”为部首，如黍、稷、稻等，而小麦的古名为“来”，由此可知小麦

是外来植物。小麦名称出现在魏晋时期的《名医别录》时，又有大小之分。汉唐以后，小麦的栽植面积增加，凌驾于大麦之上，如今“麦”成为小麦的专称。

唐朝文学家张说《奉和圣制初入秦川路寒食应制》诗曰：

渭桥南渡花如扑，麦垄青青断人目。

唐朝诗人白居易《观刈麦》诗曰：

田家少闲月，五月人倍忙。

夜来南风起，小麦覆陇黄。

自从有了石磨，小麦从粒食发展到面食，口感大有提高，小麦也逐渐适应了中国的自然环境，也改变了中国人的饮食习惯。

在五谷里，小麦营养价值最高。小麦磨成面粉，可以加工成馒头、面条、花卷、饺子、糕点等。在河北、山西、陕西、河南、山东，小麦占据了百姓的一半口粮。由于气候的原因，北方产的面粉更筋道、口感更好。饺子寓意新旧交替，在中国饺子是过年必须吃的美食。在黄河流域，这一习俗已经传承了数千年。

拉面条，高手在民间

烩面饭馆场景塑像

面条起源于中国。面条品种多样，如炸酱面、捞面、刀削面、阳春面、担担面、干脆面等。中国的面条经丝绸之路传到中东，又经阿拉伯人传到意大利、西班牙。

中国的馒头，传说由三国时期蜀汉丞相诸葛亮发明，是一种用发酵的面蒸成的。

面包由高筋面粉、酵母、黄油制作。以小麦粉为主要原料，经过分割、醒发、焙烤、冷却加工而成。世界各国民众普遍食用面包，然而从饮食习惯来看，以面包为食物的国家集中在欧洲、美洲、大洋洲及亚洲的中东地区。

麦秸垛的用处是将麦秸存贮起来，一般用作烧锅做饭的燃料，或粉碎麦秸喂牛、马、驴、骡子等大型食草动物。

笔者亲历过小麦生产、食用全过程：整过地、播过种；在青青麦田放过羊；锄过田，割过麦；拾过麦穗，脱过麦粒；堆过麦秸垛，睡过麦糠窝；麦秸垛里捉迷藏，铡过麦秸喂过牛。救过着火的麦秸垛，用麦秸烧过锅，编过麦秆草帽，贴过麦秆画，被麦茬扎过脚，住过麦秸草棚，睡过麦秸搭的地铺。

莎士比亚《亨利四世》中说："他下巴上的胡子新刮不久，那样子就像收获季节的田亩里留着一片割剩的麦茬。"

麦秸是一种环保燃料，既不会污染大气，也不会排放温室气体。不会在大气中平添二氧化碳，麦秸燃烧生成的二氧化碳恰是麦苗生长过程同化的二氧化碳。

注：

[1]［美］格瑞特·奎利．莎士比亚植物诗［M］．尚晓蕾，译．北京：中信出版集团，2022．

[2]［日］稻垣荣洋．撼动世界史的植物［M］．宋刚，译．南宁：接力出版社，2019．

[3]［美］索尔·汉森．种子的胜利：谷物、坚果、果仁、豆类和核籽如何征服植物王国，塑造人类历史［M］．杨婷婷，译．北京：中信出版社，2017．

棉花：

没有哪种织物能像棉花那样如此柔顺

棉花是种子“小儿”的外套

棉花有草棉（*Gossypium herbaceum*）、亚洲棉（*Asiatic cotton*）、陆地棉（*Gossypium hirsutum*）、海岛棉（*Gossypium barbadense*）之分。草棉是一年生草

棉花

本至亚灌木植物。亚洲棉一般是一年生草本植物，生长期短，成熟早。陆地棉是一年生草本植物。海岛棉是多年生亚灌木或灌木植物。

棉花在夏季开乳白色或紫红色的花朵后结果，留下绿色小型的蒴果，叫棉铃。锦铃内有棉籽，棉籽上的茸毛从棉籽表皮长出，塞满棉铃内部。棉铃成熟时裂开，露出柔软的纤维。棉花纤维呈白色或白中带黄，长 2—4 厘米。棉的果实为了保护种子，会用柔软的纤维包裹住种子，这柔软的纤维就是“棉花”。[1]

温暖了全世界

在棉花出现之前，人类用树叶、皮草、麻布、丝绸等来御寒保暖。麻布本身材质粗糙，穿在身上不舒服；丝绸、皮草过于昂贵，普通百姓很难消费得起。

11 世纪之前，欧洲几乎没人见过棉花。欧洲人穿的是亚麻、兽皮或羊毛织成的衣物。

1764 年，英国人詹姆士・哈格里夫斯（James Hargreaves）发明了珍妮纺纱机。5 年后，英国人理查德·阿克莱特（Richard Arkwright）发明了水力纺纱机，再后来，蒸汽机取代了水力纺纱机。《棉花之歌》唱道：“把梭子摇起来，把梭子摇起来，拉呀，拉呀；拍拍手。”[2]

17 世纪，英国东印度公司开始了与印度的贸易，品质优良的印度棉布进入英国。

棉花的出现，既解决了面料问题，又解决了成本问题。棉纤维制成的衣物，有很好的吸水性和透气性，穿在身上非常舒服。[3]

造物者没有给予人体越冬需要的皮毛之身，而棉花成了人身上御寒的“皮毛”，棉花把保护自己襁褓中的种子——棉籽的棉衣，拱手给人类御寒。如果没有棉花世界会是什么样？按目前世界棉产量来算，如果用羊毛来替代棉花，需要 70 亿头绵羊的羊毛才能满足人类需要。

唐代文学家韩愈《原道》曰：“寒，然后为之衣；饥，然后为之食。”

棉花开花

棉花是天然的纺织材料，纤维长，容易纺成线，具有吸湿性和透气性。从轻盈透明的巴里纱到厚实的帆布和厚平绒，棉纤维织物适于制作各类衣服，能够洗涤和在高温下熨烫。从绷带、尿布、被子、平纹布到纸张，几乎都用到棉花。棉花还是炸药、烟花等的原料。罗马历史学家盖乌斯·普林尼·塞孔都斯（Gaius Plinius Secundus）这样描述棉花："没有哪种丝线能像棉花那样如此洁白，没有哪种织物能像棉花那样如此柔顺。"

脱落酸在成熟棉铃里被发现

1961 年，W. C. 刘和 H. R. 卡恩斯从成熟棉铃里分离出一种能使外植体切除叶片后的叶柄脱落加速的物质结晶，称这种物质为脱落素Ⅰ。

1963 年，大熊和彦（K. Ohkuma）和美国科学家阿迪科特（F. T. Addicott）等从棉花幼铃中分离出另一种加速脱落的物质结晶，叫脱落素Ⅱ。

脱落酸可以引起器官和叶片的脱落，抑制茎的生长，诱导芽及种子的休眠。

解决了中国人穿衣御寒问题

草棉原产非洲南部，亚洲棉是原产亚洲的棉花种类的合称，陆地棉原产中美洲，海岛棉原产南美洲、中美洲和加勒比。

大约在先秦、两汉时期，棉花传入中国。传入的途径有三条：从南路传入的是亚洲棉，从北路传入的是非洲棉，从东路传入的是陆地棉。中国自 19 世纪末开始种植陆地棉，亚洲棉被陆地棉代替。李时珍《本草纲目》曰：“宋末始入江南，今遍及江北与中州。”

美洲作物的传播与中国的发展有着密切的关系。在棉花传入中国之前，中国只有供充填枕褥的木棉（*Bombax ceiba*），没有用于织布的棉花。6—8 世纪，亚洲棉传入中国，取代了大麻成为中国衣、被的主要原料。清代李拔《种棉说》云：“天下无不衣棉之人，无不宜棉之土。”宋元之际，棉花种植在长江流域、黄河流域一带迅速发展，棉花在社会生活中越来越重要。到了明朝，在郑和下西洋之前，中国种植的是非洲棉和亚洲棉；郑和下西洋后，带回更优质的美洲棉品种。[4]

中国在北宋之前，汉字里没有“棉”字，只有“绵”。

待摘的棉花

纺棉线表演

织布

宋末元初棉纺织家黄道婆向黎族妇女学习棉纺织技艺，总结出“错纱、配色、综线、挈花”，制造擀、弹、纺、织等专用机具，织成各种花纹的棉织品。有民谣：“黄婆婆，黄婆婆，教我纱，教我布，两只筒子两匹布。”

黄道婆的纺纱技术真正解决了中国人穿衣、御寒问题。

清朝人秦荣光《竹枝词·咏黄道婆》曰：

乌泥泾庙祀黄婆，标布三林出数多。

衣食我民真众母，千秋报赛奏弦歌。

1765 年，清朝方观承的《棉花图》有图 16 幅，计有布种、灌溉、耕畦、摘尖、采棉、炼晒、收贩、轧核、弹花、拘节、纺线、挽经、布浆、上机、织布、炼染。

千层纱万层纱，抵不过四两破棉花。棉，是中国百姓家最常见、最实用的御寒品。

元代诗人萨都剌《过居庸关》诗曰：

男耕女织天下平，千古万古无战争。

明清之际思想家王夫之《读通鉴论·陈宣帝三》曰：

地之力，民之劳，男耕女织之所有，殚力以营之，积日以成之，委输以将之。

注：

[1] [2] [3] [4] [日] 稻垣荣洋．撼动世界史的植物 [M]．宋刚，译．南宁：接力出版社，2019．

玉米：
玉米如何繁衍到今天，人们无法想象

玉米的诞生，至今是一个谜

没有一种野生植物是玉米明确的祖先。

人们曾怀疑过一种叫墨西哥类蜀黍的植物可能是玉米的祖先，它是生长在美洲中南部的野草，在外观上与玉米不同。但是类蜀黍没有近缘种。

日本一处分时段种植的玉米地

类蜀黍植株较矮，有分枝，茎秆较细，茎的叶腋处生有较小的果穗，每个穗的长度大约 2.5 厘米，两排籽粒。成熟时穗轴易断裂。籽粒有一定的休眠期，而玉米籽粒没有休眠期。玉米具有顶端优势。类蜀黍的细胞核有 10 对染色体，与玉米杂交没有生殖障碍，后代能够生长发育。

那么什么是玉米呢?

玉蜀黍（*Zea mays*），俗名苞米、苞芦、珍珠米、苞谷、玉米、麻蜀棒子，是一年生高大草本植物。瑞典植物学家卡尔·林奈对这种农作物的潜力有所预见，将这种所谓“Turcicum frumentum”（意即土耳其谷物）重新命名为 Zea（生命之源）mays（我们的母亲）。欧洲人称玉米为 Maize，美国人则叫玉米为 Corn。1893 年，芝加哥的一条标语说，玉米就是“农业世界的征服者”。[1]

玉米秆直立，株高 1—4 米。基部各节有气生支柱根。叶片扁平宽大，线状披针形，基部圆形呈耳状。

1821 年，英国散文作家威廉·科贝特（William Cobbett）在《农舍经济》中写道：“玉米的茎或者穗从植株一侧发育，植株可生长到 3 英尺高，它的叶子则状如菖蒲（*Acorus calamus*）。”[2]

玉米是风媒花

玉米雄花位于茎秆顶端，称为雄穗。雌花位于茎秆中部，由叶腋中的腋芽发育而来，形成果穗。玉米的雌花——花柱，长得不太像花。玉米和其他的禾本科植物一样，在茎的顶端结穗开花。不过，玉米在这个部位长的是雄花，所以不会结果，而是在有花柱的地方结果。[3]

清代诗人李调元《番麦》诗曰：

山田番麦熟，六月挂红绒。

皮裹层层笋，苞缠面面樱。

玉米的籽粒分为果皮、胚乳和胚三个部分。胚乳约占籽粒重量的85%。胚乳的最外层是糊粉层。

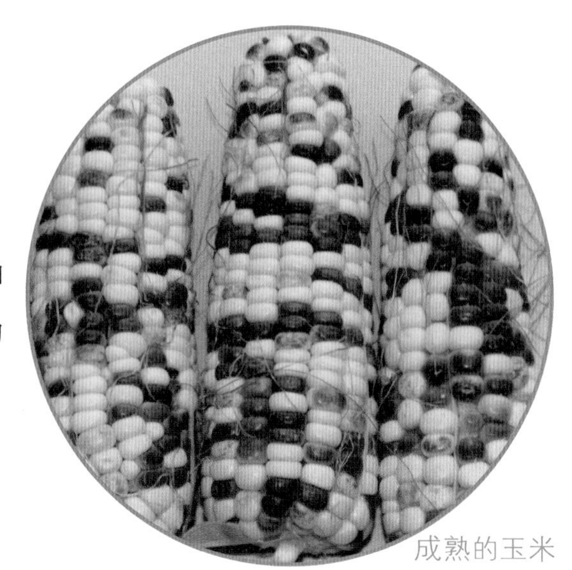

成熟的玉米

玉米面面观

根据籽粒和胚乳的性质，玉米分为饲料用的马齿型玉米、食用的硬粒型玉米、鲜食的甜玉米和糯玉米、淀粉加工业用的粉质玉米、爆裂玉米和有稃玉米。

马齿型玉米（*Zea mays var. indentata*）是一类在籽粒两边各有一齿的较柔软的玉米。

甜玉米籽粒在乳熟期含糖量高，含糖量比普通玉米高 2—3 倍，可蒸煮食用。

笋玉米是玉米雌穗开花前或抽丝后两天内采收的嫩穗，外形似竹笋。

糯玉米胚乳中的淀粉全部是支链淀粉，有黏性。

爆裂玉米（*Zea mays var. everta*）是印第安人按照玉米的爆花特性选育而成的。爆裂玉米的籽粒中角质胚乳结构特别致密，这类玉米的胚乳很大，籽粒中含有一定量的水分，当加热到 200℃，籽粒内的水分汽化，形成大的压力，便爆成玉米花。

有稃玉米（*Zea mays var. tunicata*）是秘鲁品种，每个籽粒外面都有壳覆被。

世界第三大谷物

人们从植物中获取的热量和蛋白质的一半，由三种作物提供，它们分别是玉米、水稻和小麦。

玉米具有多种食用花样，如刚结粒的青玉米或长熟的玉米可烤食，玉米穗可以蒸煮，干玉米粒磨粉做成饼、糕、馍、窝头、粥，或用于酿酒。工业用酒精、黏合剂是用玉米制作的。玉米淀粉可以制成果糖、葡萄糖等甜味料，在口香糖、零食、饮料、可乐等食品中都会添加。

普通玉米淀粉经过变性成为支链淀粉，用于罐头制品的增稠剂，天然果汁的悬浮剂等。玉米茎秆用来制造纤维素、纸张等；穗轴可提取糠醛。

玉米创造的名酒，使人类目不暇接。如含有玉米原料的混合威士忌，用玉米为原料的波本酒。产于南美洲的发酵玉米啤酒霍拉奇恰酒，产于墨西哥的玉米秸啤酒帕西基酒，产于美国的提斯文酒，产于南非的翁孔波提酒。此外还有玉米啤酒、玉米伏特加、玉米威士忌、特哈特酒、月光酒或白狗酒等。

生长茂盛的玉米田

晾晒的玉米

玉米的种子传播离不开人类

玉米被包被，种子无法自行散落，若没有人工播种，玉米如何繁衍到今天都无法想象。

古代印第安人培育了果穗硕大、淀粉含量高的玉米，成了古代印第安人的主要食物。

1492 年，哥伦布踏上美洲西印度群岛时，被高大挺拔的玉米吸引。

目前，玉米在世界各地广为种植，种植面积最多的是美国、中国、巴西、墨西哥、南非、印度和罗马尼亚。

玉米也正是借人类之手在世界范围内被种植。植物为了扩大分布范围，会利用各种方式散布种子。还没有一种植物能够像玉米这样成功地扩大着自己的种植面积。[4]

从植物给人类带来的文明来看，拉丁美洲是玉米文明，欧洲是小麦文明，亚洲是稻米文明。

转基因玉米可能损害人类健康并损害环境

美国海洋生物学家蕾切尔·卡森在《寂静的春天》中写道：“水、土壤和由植物构成的大地的绿色斗篷组成了支持着地球上动物生存的世界。……我们冒着极大的危险竭力把大自然改造得适合我们的心意，但却未能达到我们的目的，这确实是一个令人痛心的讽刺。”[5]

转基因玉米是把种属关系远且有用植物的基因导入需要改良的玉米遗传物质中，并使其后代出现人们所追求的具有稳定遗传性状的玉米。

然而，转基因植物食品的潜在风险有二：一是对人类健康的危害，二是对生态环境的破坏。

新基因的编码产物可能含有毒素，导致人体中毒或致癌；引起人体产生过敏反应或肌体突变；导致食品的营养降低。

转基因植物由于具有竞争优势会过度生长；转基因植物的基因逃逸到近缘物种，使其获得新基因，影响生物多样性；转基因植物对动物、微生物可能产生危害；抗病毒基因的导入可能使病毒产生重组，产生危害更大的病毒。

玉米丰收

500 年前中国没有玉米

玉米如何传入中国？有人认为玉米是由阿拉伯人从西班牙带到麦加，由麦加传到中亚细亚进入中国西北部，或者从麦加传到印度进入中国西南部，然后从中国西北部或西南部向东传播到各地。中国栽培玉米最早的历史记录是明代的《颍州志》(1511 年)。

在传入中国的美洲农作物中，最重要的是玉米。16 世纪初期到中期，中国大部分地区开始种植玉米，到 18 世纪中叶，中国南方已经广泛种植。19 世纪中期，玉米在中国就非常普遍了。

因为玉米是外来植物，玉米传入中国后很长一段时间被称作“番麦”。

玉米植株高大，所生颖果光亮如玉。清代王彰《题画豆玉蜀黍》诗曰：

罗衣初卸露黄肤，累累嵌成万颗珠。

泰国一处农业园区的 10 米高的玉米模型

直到 20 世纪 80 年代初，从城市到乡村，北方人一日三餐的玉米消费量仅次于红薯。

玉米在中国种植面积仅次于水稻和小麦，分布范围很广，从海南到黑龙江，从海拔 3000 米的青藏高原到大海之滨都有栽培。

笔者曾参与玉米生产的整个过程：点播、浇水、施肥、锄地、剔苗、掰玉米、剥玉米、砍玉米秆、铡玉米秆（喂牛）。

笔者还参与吃玉米的过程：磨过玉米面，吃过玉米窝窝头，喝过玉米粥，啃过玉米穗，啃过玉米秆（有甜味，类

丰收的玉米

似甘蔗，没有甘蔗的甜度），烤过玉米面饼。童年时候，冬天的晚上，大人为节省一顿饭，母亲用铁锅爆玉米，每人分发一把爆玉米花，吃着吃着就睡着了。

中国人对喝玉米粥似乎是情有独钟。《红楼梦》的诞生也与喝粥有关，当曹雪芹豪华落尽后，著书黄叶村，蓬牖茅椽，绳床瓦灶，何以疗饥？则“举家食粥”。

注：

[1] [2] [英] 比尔·劳斯．改变历史进程的 50 种植物［M］．高萍，译．青岛：青岛出版社，2016．

[3] [4] [日] 稻垣荣洋．撼动世界史的植物［M］．宋刚，译．南宁：接力出版社，2019．

[5] [美] 蕾切尔·卡森．寂静的春天［M］．吕瑞兰，李长生，译．上海：上海译文出版社，2008．

土豆：
改变了世界历史，这并非荒唐事

土豆就是一段茎

阳芋（*Solanum tuberosum*），俗名马铃薯、地蛋、山药豆、山药蛋、荷兰薯、土豆、洋芋、地豆，是一年生草本植物，它的茎分地上茎和地下茎。土豆是地下变态茎，由茎的节间缩短膨大而成，所以称它为块茎。之所以土豆是茎不是根，是因为根上不会长出芽。土豆表面的坑坑洼洼就是它的胚芽。

土豆

发芽的土豆有毒

土豆经过一段时期贮藏后，休眠已解除，在适宜的温度下，容易发芽。发芽的块茎会产生一种名叫“龙葵精”的毒素，如果吃这种毒素超过一定量时，就会恶心、呕吐、头晕，严重的还会造成心脏和呼吸器官的麻痹。[1]

由于土豆的欧洲近亲，如龙葵（*Solanum nigrum*）和天仙子（*Hyoscyamus niger*），被认为是有毒的或引起幻觉的植物，因此早期它没有成为一种被广泛接受的粮食作物。事实上，所有的土豆植株地上部分确实是有毒的，只有块茎可食用。[2]

土豆漫游全世界

土豆原产南美洲安第斯山。

7000 年前，一支印第安部落由东部迁徙到高寒的安第斯山脉，他们最早食用的是野生土豆。

1536 年，西班牙探险队员在秘鲁的苏洛科达村附近发现了土豆。

土豆秧

1765 年，法国《大百科全书》把土豆列为粗糙的食物，只配给下等人充饥或作饲料。

土豆从海路向亚洲传播有三条路线：第一路是 16 世纪中叶和 17 世纪初期荷兰人把土豆传入新加坡、日本和中国台湾；第二路是 17 世纪中叶西班牙人把它携带至印度和爪哇等地；第三路是 18 世纪英国传教士把土豆引种至新西兰和澳大利亚。

1885 年，荷兰后印象派画家文森特·凡·高创作的油画《吃马铃薯的人》，描绘了朴实憨厚的农民一家人，围坐在狭小的餐桌边吃土豆。盛土豆的盘子里散发出缕缕的蒸气。

如今土豆已经成了玉米、小麦、水稻后第四大栽培作物。

土豆改变了世界历史

美国历史学家威廉·麦克尼尔（William H. McNeill）在《马铃薯如何改变了世界》中写道："土豆改变了世界历史，这并非荒唐事。一段短短的土豆地下变态茎，成了近代世界人口得以迅速增长的助推剂。一个家庭可以不依靠其他任何食物，只靠土豆生存下来。”[3]

土豆是具有饱腹感的食物之一。多数欧洲人把土豆当作每餐必吃的食品。布尼亚德《园丁指南》中写道：“没有人会把马铃薯当作一种纯粹的蔬菜，而是会把它作为一种命运的工具。”[4]

约 1625 年，土豆在爱尔兰成为最重要的粮食作物。在近代欧洲，没有比爱尔兰与土豆关系更密切的了。

1725 年，土豆被引入苏格兰。许多年后，土豆已在整个英国都被视作对生活基本口粮最重要的补充，其重要性仅次于谷物。作为一种蔬菜，土豆怎样烹饪都很美味——无论是焯、煮、蒸、炸，还是烤。[5]

1760 年，爱尔兰人口 150 万人，1841 年，增加到 800 万人。这是由于土豆传入爱尔兰，土豆、牛奶加上黄油，使爱尔兰人口在短期内迅速增长。

河南栾川县一处与玉米间作的土豆种植地

1845 年，爱尔兰郁郁葱葱的土豆田都变得草木皆烂，荒芜一片。此时，你可以在几乎每个人的脸上看到沮丧和泪水。

1846 年，爱尔兰超过四分之三的土豆绝收。

1847 年，因种薯缺乏，土豆在爱尔兰只种植了常年的五分之一，尽管收获了一些，仍不足以解除饥荒。

英国作家安东尼·特罗洛普（Anthony Trollope）在《里士满城堡》中写道：“所有在 1846—1847 年的冬天住在爱尔兰南部的人们，都不会忘记这段悲惨的日子。许多年来，在爱尔兰，越来越多的人靠吃马铃薯为生，而且仅仅依赖马铃薯。现在，突然间，所有的马铃薯都死掉了，这致使 800 万人中的大部分人失去了口粮。”

烤土豆

1851 年，约有 100 万爱尔兰人饿死，另有大约 200 万人被迫离开爱尔兰，投奔美国。

马铃薯晚疫病是由致病疫霉引起、发生于土豆的一种病害。此病主要危害土豆茎、叶和块茎，也能够侵染花蕾、浆果。在适宜病害流行的条件下，植株提前枯死，可造成 20%—40% 的减产。

马铃薯晚疫病的暴发原因是种植的品种单一，人们都选择了产量高但不抗病的土豆品种，导致马铃薯晚疫病将爱尔兰全国的土豆悉数毁灭。若栽植不同品种，马铃薯晚疫病就不可能迅速蔓延或导致绝收。

使中国人口迅速增加

明朝时期，土豆由荷兰人带进台湾，所以又叫荷兰豆，之后从台湾传入内地。

清朝开始大面积种植土豆，使中国的粮食得到极大的丰富。较早有关土豆的记载出现在明朝末年，明代诗人蒋一葵《长安客话》记载：“土豆，绝似吴中落花生及香芋，亦似芋，而此差松甘。”

到了清朝，人们逐渐发现土豆的产量令人惊喜，即使在环境恶劣的地方，土豆也能生存。

玉米、红薯、土豆传入中国，不仅改变了中国人的粮食结构，而且使中国人在其后几百年间度过了一次次的天灾人祸。土豆从美洲传入中国，对中国人口的迅速增加起到了重要作用。

土豆和肉一起烹煮是一道美味，土豆烧牛肉、土豆红烧肉等上了餐桌。1986年3月至5月，笔者在河北省围场县孟滦林场做研究的时候，那时交通不便，缺乏蔬菜，连续3个月每日三餐土豆红烧肉，肥而不腻，每份0.25元。这种单调的土豆红烧肉日子至今历历在目。

颇感意外的是，笔者正是20世纪80年代初在北京读大学时候，才第一次吃到土豆，此前出生在河南南阳的笔者从未见过土豆。

注：

[1] 侯元凯. 奇妙的植物世界［M］. 北京：中国人民大学出版社，2021.

[2]［美］詹姆斯·鲍比克，拿俄米·巴拉班，桑德拉·博克，劳雷尔·布里奇斯·罗伯茨. 探秘生物世界［M］. 庄星来，译. 上海：上海科学技术文献出版社，2021.

[3]［4］［英］比尔·劳斯. 改变历史进程的50种植物［M］. 高萍，译. 青岛：青岛出版社，2016.

[5]［澳］威廉·罗伯特·加法叶. 密径：莎士比亚的植物花园［M］. 解村，译. 北京：中国工人出版社，2022.

红薯：

让天上落下催情的甜薯吧

催情的植物

番薯（*Dioscorea esculenta*），俗名白薯、红薯、甜薯、山药、地瓜、山芋、金薯、甘薯，是一种长达 2 米的一年生蔓生草本植物，平卧地面斜上。叶片形状、颜色因品种不同而不同，通常为宽卵形。块根分布在深 5—25 厘米的土层

金叶番薯

紫叶红薯

中，先伸长后长粗。肉质根有白、黄、淡黄、橘红或紫晕。明代金学曾在《海外新传七则》中写道：“甫及四月，启土开掘，子母钩连，大者如臂，小者如拳。”

救荒第一品

红薯耐旱、耐瘠薄且高产，对生长的环境不挑不拣，不适合种植水稻和小麦的地块可以用来种红薯。在热带或亚热带地区几乎一年四季都可种。

1516 年，皮特·马特·德安吉拉《新世界》中写道：“当我第一次看到它时，我以为它就是在米兰种植的萝卜或大个蘑菇。用水煮或火烤的方式均可以使它变软，熟透后的味道不输任何食物和甜点……人们会把它播种在花园里，就像木薯一样。它也可以生吃，味道有些像青涩的栗子，但更甜。”[1]

莎士比亚《温莎的风流娘儿们》中说：“让天上落下催情的甜薯吧，让雷声和着《绿袖子》的调子，让糖梅子、滨刺芹像冰雹雪花般落下来吧。”[2]

红薯吃法多种，佚名《红薯歌》云：

生吃似梨脆，汁多营养富。
蒸熟味更美，可口赛禽肉。
烧食别风味，油炸更香酥。
刨片似薄玉，磨面白乎乎。
可作面条吃，也可喝糊糊。

蒸成窝窝头，能佐餐不足。

生薯若作粉，粉条长年储。

制作凉粉汤，年节敬宗祖。

巴西人用番薯块根酿造一种名为“考维”的发酵饮料。最有名的番薯烈酒是日本的烧耐，是用番薯、稻米、荞麦或其他原料酿造。朝鲜烧酒有时也用番薯酿造。美国北卡罗来纳州和日本酿造了番薯啤酒。[3]

使中国人口五百年来飞速增长

红薯起源于墨西哥尤卡坦半岛和委内瑞拉奥里诺河口之间。16 世纪初，西班牙已普遍种植红薯。西班牙水手把红薯传播到菲律宾，再传至亚洲各地。

红薯传入中国，最早见于清代陈世元的《金薯传习录》。明朝万历二十一年（1593 年）5 月下旬，福建长乐县华侨陈振龙冒着生命危险将红薯带到福州。当时，福建、广东连年饥荒，民不聊生。陈振龙之子便向福建地方当局推荐红薯的好处，于是红薯开始推广。

元朝以前，中国有“甘薯”之说，那时所说的甘薯是薯蓣科的一种植物。自红薯传入中国以后，因其形状像薯蓣科的甘薯，有人便称它为甘薯。

明朝李时珍《本草纲目》记载：“南人用当米谷果餐，蒸炙皆香美，海中之人多寿，亦由不食五谷而食甘薯故也。”

明代农学家徐光启在《农政全书》中写道：“甘薯所在，居人便足半年之粮，民间渐次广种之。”

红薯酒

李时珍雕像

明朝何乔远在《番薯颂》中写道："可熟食者，亦可生食，亦可酿为酒。生食如食葛，熟食如蜜，其味如熟荸荠，生贮之，有蜜气香闻室中，且：其种也，不与五谷争地，凡瘠卤沙岗皆可以长。"

徐光启《农政全书》写道："昔人云蔓菁有六利，又云柿有七绝，余续之以甘薯十三胜。""具有高产益人、色白味甘、繁殖快速、防灾救饥、可充笾实、可以酿酒、可以久藏、可作饼饵、生熟可食、不妨农功、可避蝗虫。""农人之家，不可一岁不种。此实杂植种第一品，亦救荒第一义也。"

明朝万历年间，中国人口1亿余，至1794年，达到3.13亿；1850年，达到4.3亿。中国人口在300年间飞速增长是因为红薯来到中国。

传说乾隆皇帝曾患便秘，太医们为他治疗，疗效欠佳。当他散步路过御膳房时，一股甜香气味迎面扑来。乾隆走进去问："是何种佳肴如此之香？"正在烤红薯的一个太监见是皇上，忙叩头道："这是烤红薯的气味。"并呈上了一块烤红薯。乾隆吃了烤红薯，觉得好吃。此后，乾隆皇帝天天都要吃烤红薯。不久，他的便秘被治愈了。乾隆皇帝对此十分高兴，夸赞道："好个红薯！功胜人参！"乾隆时期，清廷就大力推广红薯的种植。

清乾隆年间，陈振龙五世孙陈世元将番薯传入、试种、示范、推广及传播情况编成《金薯传习录》。经明、清两朝政府和陈振龙及其子孙的不断推广，红薯成为中国重要的粮食作物。

同治年间《建始县志》记载："居民倍增，稻谷不给，则于山上种苞谷、洋芋或蕨薯之类，深山幽谷，开辟无遗。"

红薯传到中国不足400年，在中国饥荒年代救了无数人的生命。至20世纪70年代，红薯一直是中国农民的救命粮。红薯、玉米、小麦、葡萄、棉花、西瓜、马铃薯、花生等，这些植物，对于古代中国来说，是"乡民活于薯者十之八九"的现实。

黄河故道流传一句顺口溜：

红薯汤红薯馍，离开红薯不能活。

中国大部分地区有红薯种植，以黄淮平原、长江流域及东南沿海较为集中。

现在红薯已经不是人们的主要食物了，吃烤红薯和吃烤玉米一样成为一种调味品。如今的红薯则是这样吃：芝士奶油焗红薯、拔丝地瓜、微波炉烤红薯、炸红薯条、红薯粉圆、薯泥山药卷、奶香红薯片……

红薯伴随笔者自童年到成年的整个过程，吃过蒸红薯、烤红薯、煮红薯、红薯窝窝头、红薯粉条、红薯凉粉、红薯干、红薯面汤、红薯面条等。笔者这样吃红薯可不是为了调味，是长达20余年的一日三餐活命饭。

红薯农活，笔者从小干到大，下过红薯种，育过红薯苗，翻过红薯秧，刨过红薯地，切过红薯干，磨过红薯面，挖过红薯窖，下红薯窖捡红薯时遇到过蟾蜍和蛇。晒红薯干最令人揪心，那个年代天气预报常常不准，晒红薯干全靠运气，很多时候刚切成的红薯干，正好遇到连阴雨，红薯干会霉烂地里，这一年就有人得饿肚子。

紫色红薯和红色红薯

在红薯地里有干不完的活。陈家恬《番薯的故事》中写道：

番薯藤爱长纤维根，也

爱长牛蒡根，吮吸营养，偷生几个番薯仔，等到收成时，出来凑个热闹。主人并不感激，因为违背了他的初衷，浪费了地力，分散了总根的精力，长不出更大的番薯。所以，一到番薯藤乱爬的时候，就得抽出时间，到番薯地去，跨过番薯畦，弯下腰来，拔了争夺养分的杂草，双手托起番薯藤，拢一拢散漫的番薯藤，收一收旁骛的心思，随手扯断多余的根须，还有杂念，预防计划外生育。大约一月一次，坚持两三个月，便可等待收成了。

番薯收成之后，几乎每个周末，即使很冷，我们也会扛起锄头，扛起比身高还长的锄头，去翻捡番薯，稚嫩的手，被粗糙的锄柄磨出血泡，破了，针刺似的疼痛，强忍着，坚持着，翻过可能隐藏番薯的每一个角落，希望有意外的收获——每增加一个意外的收获，就会减少一顿必然的饥饿。

陈家恬《番薯的故事》还写道：

“要是没有番薯，你们是不可能全活下来的。”母亲至今还在感叹，“那时，没有多少大米，更没有什么牛奶、奶粉，你们一断奶，我就用嘴嚼烂番薯饭，有时直接呶进你们嘴里，像填鸭子一样塞饱；有时先呶在右手食指上，再像抹墙缝一样抹入你们嘴里，吧嗒，吧嗒，吸进去，吞下去，吧嗒，吧嗒，吞下去，吸进去。”

注：

[1]［葡萄牙］若泽·爱德华多·门德斯·费朗．改变人类历史的植物［M］．时征，译．北京：商务印书馆，2021．

[2]［美］格瑞特·奎利．莎士比亚植物诗［M］．尚晓蕾，译．北京：中信出版集团，2022．

[3]［美］艾米·斯图尔特．醉酒的植物学家：创造了世界名酒的植物［M］．刘夙，译．北京：商务印书馆，2020．

六、启迪科学研究的植物

胡萝卜花

胡萝卜：
开辟了植物克隆先河

甜甜的、脆脆的草根

胡萝卜（*Daucus carota var. sativa*），俗名赛人参，是一种野生胡萝卜的变种，一年生或二年生草本植物。胡萝卜叶子非常短，锯齿状。根粗壮，长圆锥形，橙红色或黄色。伞形花序，由许多朵小花聚生成一簇，像一把微型伞，再以同样的方式聚合成更大的伞，形成一大簇花序。

1492年11月4日，哥伦布在日记中写道："这些人拥有很多被称为胡萝卜的粗根，它们闻起来有点儿像栗子。"

萝卜（*Raphanus sativus*）大部分是次生木质部，只有外圈很薄的部分是韧皮部和皮层。木质部纤维含量很低，分化出大量的薄壁细胞贮藏养分和水分，口感是酥脆的。胡萝卜大部分是韧皮部，只有中心是木质部。韧皮部主要是植物向下运输养分的通道，其中富含纤维素，口感是比较硬的。胡萝卜身穿一身橘黄色的"外衣"，有的是淡黄色的。吃起来甜甜的，脆脆的。

胡萝卜植株

胡萝卜肉质根

胡萝卜

莎士比亚《亨利四世》："要是脱光了衣服，他简直是一根生杈的胡萝卜，上面安着一颗用刀子刻的稀奇古怪的头颅。"[1]

胡萝卜原产亚洲西南部，阿富汗是最早演化中心。

现代普遍栽培的橙色胡萝卜起源于荷兰。1547 年 5 月 26 日，西班牙侵略军包围了荷兰莱顿城，人们只能靠吃胡萝卜、马铃薯和洋葱（*Allium cepa*）度日，一直到 10 月 3 日援军到来。

胡萝卜启迪了胡萝卜素的发现

1831 年，美国化学家 Wachenroder 从胡萝卜根中分离出胡萝卜素。此后随着生物化学科技的发展，又分离出一系列的天然色素，命名为"类胡萝卜素"。

类胡萝卜素是一类重要的植物色素，广泛存在于各种植物体中，而在动物体中也有发现。在叶绿体中，它与叶绿素结合在一起。类胡萝卜素通常呈红、黄、橙或棕色，在化学上可分为胡萝卜素和叶黄素。其中胡萝卜素包括人们所熟知的 α - 胡萝卜素、β - 胡萝卜素。

类胡萝卜素在光合作用中起光吸收和光保护作用。一方面，类胡萝卜素分子能吸收可见光，而且能吸收对光合作用有用的光，将能量传递给叶绿素；另一方面，类胡萝卜素能保护叶绿素不被强光伤害。

人类的许多疾病如癌症，在它们形成的某一阶段均包括了由自由基所控制的氧化过程。类胡萝卜素是一类能高效清除自由基的重要物质，可使肌体细胞免受损伤。哺乳动物对于自由基具有一定的防御功能，其中一部分防御功能也是来自类胡萝卜素。大量摄取各种类胡萝卜素，有益于人类的健康，可延缓机体的衰老。

胡萝卜开辟了组织培养先河

植物一般通过种子进行繁殖。如今植物克隆成为植物繁殖的另一条途径。

1902 年，奥地利植物学家戈特利布·哈柏兰特（Gottlieb Haberlandt）提出离体细胞器官和组织在无菌条件下培养，能体现整个植物的特性和潜能。他预言植物体的任何一个细胞，都有长成完整个体的潜在能力，这叫植物细胞的“全能性”。

1958 年，美国植物学家弗雷德里克·坎皮恩·斯图尔德（Frederick Campion Steward）在添加椰子乳的 White 碱性培养基上，将胡萝卜离体细胞和组织培养成一株完整的胡萝卜。

为什么一个细胞能繁殖出几十万甚至上百万株与亲本一模一样的小苗？植物体内细胞，都是来源于一个受精卵的均等分裂，使子细胞获得了同母细胞一样的染色体。因此，所有的子细胞都具有相同的基因，这些基因都携带有亲本的全套遗传信息，只要条件适当，单个细胞就有发展成为一株完整植物的能力。也就是说，植物体任何一个组织，如茎、叶、芽等，在特定的环境下都可以长成一个完整的植株。

注：

[1]［美］格瑞特·奎利．莎士比亚植物诗［M］．尚晓蕾，译．北京：中信出版集团，2022．

烟草：
开启了人类对病毒的认识

南美洲高山上的一棵草

烟草（*Nicotiana tabacum*），俗名烟叶，是一年生或有限多年生草本植物。高达 2 米以上。叶顶端渐尖，基部渐狭，至茎成耳状而半抱茎。花冠呈漏斗状，淡红色。种子细小，径约 0.5 毫米。

烟草属有两种作为嗜好性作物被广泛种植，即普通种和黄花烟草。烟草有 7 个类型：烤烟、白肋烟、香料烟、黄花烟、晒烟、晾烟和雪茄烟。

抽一口就成终身用户了，你戒不掉了

烟草含有尼古丁，它刺激人体，并令人上瘾。烟厂非常注重对你第一次体验的营销，营销完了，行了，知道你这一辈子算跟定我了，粘连度非常高。[1]

烟草里尼古丁是在根部形成的。烟草的烟雾和焦油，含有烷化四环和五环芳烃等。另外，烟草还含有烟胺碱和其他物质，其中有一种名为烟叶脑，在烟叶制备过程中形成，使烟叶具有烟香。清代女诗人归懋仪《烟草》诗曰：

谁知渴饮饥餐外，小草呈奇妙味传。

烟草是世界上最重要的非粮食作物，尽管烟草能致命，但至今仍是合法且

受人欢迎的“毒品”，被一些人奉为灵丹妙药。

1937 年，理查德 · 苏德尔《新图解花园辞典》写道：“在地球所出产的所有植物当中，烟草是最受男人喜爱的植物。”[2]

每个吸烟者都明白，烟瘾是一份与呼吸共存的欲望，只要开始抽烟，短则数年，长则终生。英国哲学家弗朗西斯·培根（Francis Bacon）在《生与死的历史》中写道：“在这时代变得这么普遍的烟草”，带给人们“如许的暗喜与满足，所以一旦吸食了，简直割舍不下”。

烟草吸食方式多样，如美国的咀嚼烟、英国的烟斗、法国的鼻烟、西班牙的雪茄和旱烟、水烟、卷烟。英国人约翰·戴维·巴罗（John David Barrow）写道：“你能看到的只是这样一些身影……他们浑浑噩噩地拖着沉重的步伐，嘴里叼

河南鄢陵县的一处烟田

着个烟袋。”[3]

西班牙天主教神父、历史学家拉斯·卡萨斯（Bartolomé de Las Casas）在《印第安人史》中写道：“人们总是手里拿着一根点燃的木炭和一些草状植物的叶片。他们把这些干草叶裹在一片较大的干树叶里，看上去有点儿像孩子们在五旬节时玩的鞭炮。他们用木炭点燃其中一头，然后用嘴反复吮吸另外一头。在吞云吐雾的同时，他们的身体慢慢松弛，心绪也渐渐陶醉，整个人也不再感觉到疲惫。这些‘鞭炮’被当地人称为 tabaco。”[4]

葡萄牙诗人博卡热（Manuel Maria Barbosa du Bocage）称：“这种不雅而

粉红色像小喇叭的烟草花

疯狂的时尚，使人们的嘴巴变成了烟囱。”[5]

法国喜剧作家莫里哀（Molière）在《唐璜》首演（1655 年）中称赞了烟草，剧中人物斯卡纳赖尔在开场时说道：“不管亚里士多德和一切所谓哲学是怎么说的，反正没有比烟草更好的东西了：这是正人君子的嗜好，活在世上而没享受过烟草简直不配活着……一个人只要一用上烟草，待人便透着和气！不管走到哪儿，总是逢人便开心地邀他一同分享。总是不等别人来要，就迎合他们的意思先递过去：说真的，烟草能让所有人心生荣誉感和道德感。”[6]

1634 年，传教士保罗 · 李杰尼（Paul Jeune）说道：“他们对这种草药的喜爱超越了所有的信仰……他们睡觉时嘴里还含着烟管，有时会半夜起来抽烟……我常常看到他们在没有更多烟草的情况下，啃食他们的烟斗管。我看到他们刮擦并研磨一根木管来吸烟。让我们充满同情地说，他们在吞云吐雾中度过一生，并在死亡的时候堕入火海。”[7]

1952 年，曾是演员的第 40 任美国总统罗纳德 · 威尔逊 · 里根（Ronald Wilson Reagan）说道：“我把香烟分发给我所有的朋友。”

没有比一支香烟更适合与一杯酒搭配了。法国贡比埃酒厂蒸馏的“珀里克烟草利口酒”具有甘甜芳香的风味。用来制作这款利口酒的烟草来自一个格外浓烈可口的烟草品系。

“珀里克”烟叶的加工先是把烟叶轻微烘干并捆成束，然后塞在威士忌酒桶里，烟叶中剩余的汁液会缓慢发酵。[8]

“烟草会杀人，我就是活生生的例子”

1927 年，英国医生弗 · 伊 · 蒂尔登首次提出吸烟会导致肺癌。目前，全世界 80%的肺癌，都由吸烟造成。苏格兰詹姆斯·斯图亚特（James Stuart）在《强烈反对烟草》中认为，吸烟是不良习惯：眼睛觉得厌恶，鼻子觉得憎恨，大脑认为有害，肺觉得危险，恶臭的黑烟仿佛无底深渊中的恐怖烟雾。[9]

一位美国老人因为她的老伴长期抽烟得了肺癌去世。她状告烟厂，最终得到了法院的认同，从此以后每个烟盒上面均标明：吸烟有害健康。

吸烟的人认为吸烟是一种享受，是一种释放。有吸烟者常说：饭后一支烟，赛过活神仙。

有关吸烟有这样的事实：每 8 秒钟，就有 1 人因吸烟而病亡。2.9% 的成年烟民从青少年时期就有烟瘾。在每 10 万名 15 岁少年烟民中，有 2 万人更可能在 70 岁之前死于与吸烟有关的疾病。在发展中国家，烟草消费量每年递增 3.4%。但发达国家烟民数在近 30 年已减少一半。

烟草开启了人类对病毒的认识

1879 年，德国农业化学家阿道夫 · 麦尔（Adolf Eduard Mayer）在研究烟草花叶病的病因时，用病株的汁液涂抹健康植株，健康植株感染了这种疾病。烟草花叶病是目前烟草生产上发生最为普遍的一大类病害。

俄国植物生理学家伊万诺夫斯基是病毒的可滤性的发现者和病毒学的创始人之一。1892 年，他在研究烟草花叶病时，发现有病的烟叶的汁用过滤器过滤后，擦在无病的烟叶上能使健康烟草叶生病。

1898 年，荷兰生物学家马丁努斯 · 贝叶林克（Martinus Beijerinck）首次对病毒进行命名。病毒、植物和动物是生物构成的三大群体。病毒种类估计有 3 万—10 万种。病毒主要由核酸和衣壳两部分构成。核酸位于病毒的内部，构成病毒的核心。一种病毒只含一种核酸，要么只含 DNA，要么只含 RNA。

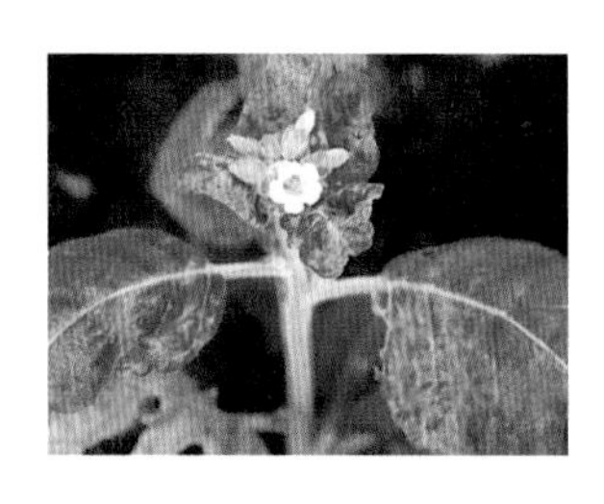
烟草花叶病

1960 年，英国免疫学家彼得 · 梅达瓦（Sir Peter B. Medawar）曾定义病毒：病毒是被坏消息包裹着的一片核酸。

病毒没有细胞结构，是寄生体，以其内含的遗传信息去感染细胞，并利用细胞的代谢大量地自我复制，靠被感染的细胞得以繁殖，复制出来的病毒又去感染新的细胞。病毒基因为了适应新的环境，经常发生变异。

病毒最像强盗，害人害己，强行侵入别的生物体，连吃带住，靠户主体内的营养来扩充自己，大量复制，最终搞得户主破产，自己也不能生存。

大约 8% 的人类 DNA 是感染人类逆转录病毒的残余，其中一些片段参与了人类胚胎干细胞分化，还有一部分促进了四足动物的神经系统演进，从而影响到人类的神经传递、记忆形成和高级思维。没有病毒，人类就不会成为今天主宰地球的物种。

烟草简史

烟草最初生长在南美洲的高山上。

墨西哥一座建于 432 年的庙宇内，有一幅展示玛雅人教士在仪式中通过管状烟斗吸烟喷雾的浮雕。

1492 年，哥伦布发现新大陆时，看到当地的印第安人用玉米叶卷烟叶抽吸。在哥伦布发现烟草植物后的 150 年中，美洲原住民用烟管抽烟的习惯由欧洲探险者传到了全世界。

1518 年，西班牙探险家发现阿兹特克人和玛雅人利用空芦苇吸烟草。

1556 年，驻葡萄牙的法国商人 Jean Nicot de Villemain 将烟草带到了法国，烟草中“尼古丁”一词就是源自他的名字。

1597 年，英国医生约翰·杰勒德在《植物志》中写道：“把干烟叶放在烟斗里，点上火，把烟吸进肚里，然后再通过鼻孔吐出来。”[10]

1653 年，英国植物学家尼古拉斯·卡尔佩珀《草本全集》指出，烟草可以治疗痔疮，消除牙痛、减肥、灭虱子等。

1853—1856 年，在克里米亚战争中，英国士兵从当时的奥斯曼帝国士兵中学会了吸烟。

1881 年，美国工程师詹姆斯·本萨克（James Bonsack）发明了 1 分钟生产 200 支卷烟的自动卷烟机。

1927 年，英国医生弗·伊·蒂尔登在医学杂志《手术刀》上提出吸烟导致肺癌。

1942 年，《读者文摘》7 月号的一篇文章指出，所有的烟草产品均能致人死亡。

20 世纪 50 年代，美国一些烟草公司推出了卷烟广告语："吸云丝顿，品香烟纯正味道!"再如"与其吃颗糖，不如抽根好彩烟"。还有雷诺烟草公司广告语："为了一支'骆驼'，我愿走一里路。"

1957 年，《读者文摘》警告世人：吸烟导致肺癌。

1964 年，美国卫生总署发表声明：吸烟有害健康。

1964 年，美国学者卢瑟·特里（Luther Terry）发布了关于烟草和健康关系的报告。在对 7000 多个个案展开调查后，得出了吸烟危害健康的结论。

1987 年，第一位"万宝路男人"戴维·米勒因肺气肿过世，享年 81 岁。他于 20 世纪 50 年代拍摄万宝路电视香烟广告，1967 年，戴维·米勒彻底戒烟，此前，他抽烟长达 45 年。

1992 年，第二个因肺病过世的"万宝路男人"是韦恩·麦克拉伦（Wayne McLaren），患肺癌过世，年仅 51 岁，有 30 年烟龄。

1995 年，第三个因肺病过世的"万宝路男人"戴维·麦克莱恩也死于肺癌。他于 20 世纪 60 年代出任"万宝路男人"。

1999 年，第四个因肺病过世的"万宝路男人"是理查德·哈默，同样因肺癌过世，年 69 岁。理查德·哈默在 1970—1980 年担任万宝路公司的代言人。

第五个因肺病过世的"万宝路男人"是埃里克·劳森，因慢性阻塞性肺病导致呼吸衰竭去世，享年 72 岁。

2012 年全球癌症发病率和死亡率排名第一的都是肺癌，世卫组织呼吁民众要考虑戒烟。

名人与烟草

在明代末期，由于崇祯皇帝多疑，当他的统治处于危机四伏时，他开始疑神疑鬼。当他听到四处的吸烟者经常在说“吃烟”时，崇祯皇帝认为这“吃烟”便是要“吃燕”（燕，即现在的北京）。于是，崇祯皇帝越想越恐惧，他为了力挽时局，便下令在全国范围内禁止吸烟。

温斯顿·伦纳德·斯宾塞·丘吉尔（Winston Leonard Spencer Churchill）是与雪茄烟打了一辈子交道的英国首相，在他的照片和漫画中，他那大脸肥嘴里含着一支大雪茄烟。有位叫卡代的记者曾在 1941 年珍珠港事件发生后不久，在丘吉尔和美国总统富兰克林·德拉诺·罗斯福（Franklin Delano Roosevelt）参加的会议上，要为丘吉尔拍照，当这位摄影记者礼貌地从丘吉尔的嘴边拔下那根雪茄时，丘吉尔非常气愤，面目表情骤然变化，在那一刹那，记者拍下一幅照片，并取名为《愤怒的丘吉尔》。即使在 1945 年，当丘吉尔辞去了首相职务后，仍是叼着雪茄、拄着手杖离开唐宁街 10 号首相府的。

法国总统夏尔·安德烈·约瑟夫·马里·戴高乐（Charles André Joseph Marie de Gaulle）曾经爱吸烟，但后来因故他宣布戒掉了烟，但戒烟之后，他曾后悔地说：由于当众承诺戒烟把我折磨了很久，不然的话，在写《回忆录》时一边吸烟一边写作，那该多舒服啊！

1953 年，当时还是电影演员的里根在一本杂志的广告中，嘴叼一支“切斯特菲尔德”牌香烟，说：味觉美极了。28 年后，他成了美国总统。

前巴基斯坦总统布托的女儿贝娜齐尔·布托（Benazir Bhutto）在《东方的女儿》中披露，她最后一次到监狱里去看望她的父亲时，父亲什么也没有，她写道：他没有书，什么东西也没有，只有一支雪茄烟。这也许就是布托总统离开人世前的唯一伴侣。

吸烟的人认为，吸烟有益于调节人的情绪，排忧解愁，产生灵感。确实有艺术家、文学家会吸烟，他们在虚无缥缈的烟雾中激发出灵感，创作出了传世之作。陈松锋《月明杂笔》中写道："也曾因二月河的《雍正皇帝》书前扉页尊照上那创作时吸食卷烟的情景不意被我盯上：他聚精会神，袅袅烟云像呼风唤雨般捕捉那灵感的火花，正是在此般氛围中，不尽文思泉涌激流般泄下，一部部佳构脱颖而出……"

令中国人吸食上瘾五百年

传说中国原来没有烟草。有一年，一个外国国王来朝见中国皇帝，献上烟草曰：这是相思之草，陛下愁眉紧锁，吸上这相思之草，就可以忘掉烦恼了。

烟草是在明朝万历末年通过三条路线传入中国的：

1563—1640年，从菲律宾传到台湾、福建。

1620—1627年，从印度尼西亚或越南传入广州。

1616—1617年，从日本传到朝鲜，再传入辽东。

中国最早记录烟草的是明代医学家张介宾《景岳全书》："此物自古未闻，近自我明万历时始出闽、广之间。"

烟草英文为tabaco，传入中国时没有适当名称，当时沿用西语的译音，称"淡巴孤"或"淡巴菰"。清代文学家蒋士铨《题王湘洲画塞外人物》诗曰：

爷方鼻饮淡巴菰，匿笑忍嚏堪卢胡。

清末诗人的诗句已经有"烟味"了。洋务运动后期的操盘手周馥《闵农》诗曰：

山居宜种淡巴菰，叶鲜味厚价自殊。

自烟草进入人们的日常生活之后，特别是自清末以来，烟与柴米油盐酱醋茶并列为生活的必需品，烟草与礼仪便有着密切的关系。在中国，男人们打招呼的方式是说："抽烟吗？来一支。"中国人的礼仪，在拆烟、递烟、接烟、点烟、回点烟、借火环节体现得淋漓尽致。一支烟可以使人由陌生到相识，以至到深交、至无话不谈的地步。

时至今日，中国烟草一直保持烟叶种植面积第一、卷烟产量第一、吸烟人数世界第一、烟草利税第一、死于吸烟相关疾病人数第一的纪录。中国现有烟民 3.5 亿人，烟民每年抽掉 2 万亿支香烟。

笔者与香烟相伴 24 年

吸烟成瘾很难戒掉，一日不见，如隔三秋兮的情景，岌岌乎可与鸦片相提并论了。有一位哲人说过：戒烟有什么难，我已经戒了 1000 多次了！

1984 年 7 月 26 日，笔者在北京妙峰山林场实习期间，一个有 5 年烟龄的同学推给笔者香山牌香烟 3 支，笔者此前没有吸过烟，吸了他的 3 支烟后，晕晕乎乎第二天就情不自禁去买烟了，每 20 支 0.49 元，此后一时抽一时爽，一直抽一直爽，抽到 2008 年 4 月 15 日。说起戒烟，对于一个每天吸食 30 支烟的人来说，靠毅力戒掉，几无可能。笔者曾经多次想戒烟，均摆而不脱。纠结呀纠结，习惯性总想燃一支，每燃一支就更加习惯。妻子给我买了电子烟，多次尝试亦无效。后来妻子给我买了厚厚一沓戒烟贴，贴了一个星期，起初两日还在吸食，随后与日渐减，7 天后不再想烟的事儿，戒烟贴也不用了，至今已经 16 年了，十分感谢妻子为我买到戒烟贴。很多吸烟人认为自己爱好不多，吸食香烟权可作为一种爱好。戒烟后，笔者发现，不吸烟才是一种爱好，无须惦记着打火机、香烟是否已随身。不再因抽烟躲躲藏藏，公共场所不让抽，家人不欢迎，乘火车、乘飞机 10 个小时不再想烟难耐，也不再有肺部突然出现肿块的担心，原来的黑肺也在 10 年后变得清亮如初。不吸烟了，不再低三下四向人讨烟吸了，再不那么不自信地给人发烟和点烟。当然节省了很多烟钱，16 年来也得节省数十万元的烟钱吧。笔者算是戒烟成功人士。

注：

[1] [5] [美] 戴维·考特莱特．上瘾五百年：烟、酒、咖啡和鸦片的历史 [M]．薛绚，译．北京：中信出版社，2014．

[2] [10] [英] 比尔·劳斯．改变历史进程的 50 种植物 [M]．高萍，译．青岛：青岛出版社，2016．

[3] [美] 比尔·沃恩．山楂树传奇——远古以来的粮食、药品和精神食粮 [M]．侯畅，译．北京：商务印书馆，2018．

[4] [6] [葡萄牙] 若泽·爱德华多·门德斯·费朗．改变人类历史的植物 [M]．时征，译．北京：商务印书馆，2021．

[7] [8] [英] 克里斯托弗·劳埃德．影响地球的 100 种生物：跨越 40 亿年的生命阶梯 [M]．雷倩萍，刘青，译．北京：中国友谊出版公司，2022．

[9] [美] 艾米·斯图尔特．醉酒的植物学家：创造了世界名酒的植物 [M]．刘夙，译．北京：商务印书馆，2020．

七、影响生态环境的植物

刺槐林架起的树屋

刺槐：
蝶形的花朵闪烁着清澈的银白色光芒

世界行道树优等生

刺槐（*Robinia pseudoacacia*），俗名洋槐、伞形洋槐、塔形洋槐，是一种落叶乔木，高达25米。树冠大，枝叶茂密。树形优雅，寿命长，生长快。羽状复叶，小叶2—12对，椭圆形、长椭圆形或卵形。德国诗人赫尔曼·黑塞（Hermann Hesse）在《裂枝的嘎鸣》中写道："折裂的树枝经年独垂，它在风中奏起干亢的歌，叶已尽，皮已摧，光秃、苍白、生事已倦，死复难期。它的歌声亢硬苍劲，倔强而隐怀凄惶，再唱一个炎夏，一个冬日长长。"[1]

极具芳香的刺槐花

春季，成串的白色小花垂挂在小枝上，在鲜绿色的新叶衬托下显得清新素雅。微风吹过，送来一阵阵槐花香，舒爽宜人。五月一到，花期里的洋槐便一扫平日的低调和拘谨，散发出令人窒息的美丽。从花瓣尖端到蜜色的花托，蝶形的花朵闪烁着清澈的银白色光芒。[2]

中国第一庭荫树

刺槐原产北美东部。

1601年，法国宫廷园艺师鲁宾（J. Robin）到美国采集刺槐种子，于1636年将刺槐定植在宫苑内即今天的巴黎植物园。鲁宾种下的这粒种子萌发后成为在欧洲扎根的第一棵刺槐。如今，它仍然静静地伫立在那里，枝繁叶茂，以其近400岁的高龄成为巴黎年纪最大的古树。植物学家林奈把刺槐定名为Robinia L.，以纪念鲁宾。

刺槐之所以俗名洋槐，“洋”系列的植物名称如洋葱、洋姜（*Helianthus tuberosus*）、洋芋（*Solanum tuberosum*）、洋白菜（*Brassica oleracea* var. *capitata*）

巴黎庭院里的刺槐

等，多由清代乃至近代传入。

刺槐最早传入中国是在清朝光绪年间，由清政府驻日本副使张鲁生将刺槐种子带到南京种植。刺槐在中国主要栽植于华北、东北南部、西北等地，并且有大面积片林。在杨树大规模推广之前，刺槐是中国种植面积最大的树种之一。

金叶刺槐金光灿烂

刺槐生长迅速，萌蘖性强，具有发达根系，具根瘤，可固氮。新开垦的荒地，种植刺槐3年可

香花刺槐花红艳丽

使土壤得到改良。

刺槐花是人们日常的食物。人们采集刺槐花，裹上面糊，然后炸成一种味道鲜美的油炸饼。刺槐花稠密，花含芳香油，鲜花浸膏可用作调香原料，配制各种花香型香精。刺槐花蜜中果糖含量非常高，极易被人体吸收利用。

刺槐是硬杂木，材质重而坚硬。稍低于麻栎（*Quercus acutissima*），而高于白桦（*Betula platyphylla*）、臭椿（*Ailanthus altissima*）、槐树（*Sophora japonica*）、苦楝（*Melia azedarach*）、白榆（*Ulmus pumila*），为建筑、矿柱、桩木、坑木等提供了大量的用材，历史上曾是桥梁构件、机械部件、车辆、工具把柄、运动器材等用材。

老去了的刺槐树皮

刺槐木材超负荷时的破坏面呈纤维状犬牙交错，破坏过程时间较长，当所受负荷重达抗压极限强度的70%以上时，会产生咯吱咯吱的警戒响声。这种优良特性最适合做矿柱用材。

刺槐的心材宽，耐腐朽力强。即使没有经过防腐处理的刺槐木材，在土中或大气中也能使用数十年不腐。早材内导管大而多，导管中有大量的侵填体，导管内部缺氧，菌类不易生存。因此，刺槐木材适于水工、土工、造船、海带养殖等。

刺槐最适宜作庭院树，刺槐就是一种乘凉模范树，枝繁叶茂，干净利落，秋风吹来，一夜之间树叶随即飘落，地面一扫即净。

刺槐是上等的燃料。在20世纪以前，人们还没有用电、煤和天然气做饭和取暖时，因刺槐枝和根易燃，火力旺，发热量大，烟少，着火时间长，成为人们的首选。

笔者童年在家门前山上砍柴，砍的就是刺槐。折树枝、挖树根、拉树叶、采刺槐花，刺槐花是笔者童年最喜爱的极具香味的蒸菜。

刺槐木材制作的车轮，是20世纪中国乡村重要的交通工具

刺槐木船耐水湿，不易腐朽

注：

[1] 赫尔曼·黑塞．裂枝的嘎鸣［M］．欧凡，译．北京：人民文学出版社，2018．

[2]［德］安德烈斯·哈泽．不如去看一棵树［M］．张嘉楠，龚楚麒，译．北京：北京联合出版公司．2019．

悬铃木：

它比别的树都高，像撑开的悬铃伞

玉树临风

一球悬铃木（*Platanus occidentalis*）、二球悬铃木（*Platanus acerifolia*）、三球悬铃木（*Platanus orientails*）在日常生活中分别被称为美国梧桐、英国梧桐、法国梧桐，均是落叶大乔木。它们的叶子宽大，形似枫叶，树形挺拔，气势雄伟。悬铃木的枝干从主干上部开始生长，树荫浓密，但不会挡住街道的视野。秋冬时节，它的枝头挂满了毛茸茸的球状果，裂开后的毛毛若落在人的皮肤上，会令人体感到难耐的痛痒。法国诗人弗朗西斯·蓬热（Freancis Ponge）在《法国梧桐》中说：

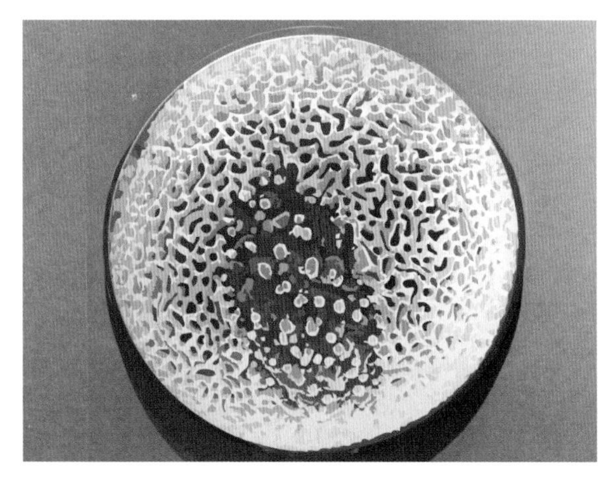

悬铃木花粉

> 你那朴实的身躯总是矗立在法国市街旁边，你那线条明晰的树干淡漠地舍弃了皮壳的平凡。你的叶子大大地张开颤抖的手掌跟天空搏斗，你的古老的小小球果累累挂在枝头任凭狂风吹荡。它们或是坠落在尘土飞扬的路旁或

是瓦楞上……你静静地忠于职守从容而安详：你无法指引，于是把它们撒开，但愿有一个后代继承朗格多克的这份豪情。永远，永远是一片法国梧桐的碧绿的浓荫。

莎士比亚《两贵亲》说："我把他送到一棵雪松那里，它比别的树都高，像撑开的悬铃伞，紧挨着小溪。"[1]

19 世纪，二球悬铃木在英国伦敦广泛种植，用以衬托行道或广场。世界各地仿效伦敦的城市风格，如巴黎、罗马、纽约等均种有悬铃木。悬铃木的风景，已经遍布全球整个温带地区。

中国街区第一林荫树

一球悬铃木原产北美洲东部，北至加拿大安大略省和美国缅因州以南，向

悬铃木干干净净的树干

西到明尼苏达州东部，南到佛罗里达州及得克萨斯州。大约自 20 世纪初，一球悬铃木传到中国。

17 世纪，在英国的牛津，人们用一球悬铃木和三球悬铃木作亲本，杂交成二球悬铃木。在欧洲广泛栽培后，法国人把它带到上海，栽在霞飞路（今淮海中路一带）。

三球悬铃木分布在东地中海国家，如塞浦路斯、叙利亚、黎巴嫩、巴勒斯坦及一些中亚细亚国家，还有喜马拉雅山西部和欧洲东南部。

徐珂在《清稗类钞·植物类》记载悬铃木，名为“篠悬木”：“篠悬木为落叶乔木，原产于欧洲，移植于上海，马路两旁之成行者是也，俗称洋梧桐。高三四丈，叶阔大，作三裂片，锯齿甚粗，基脚有卵形托叶一。春开淡黄绿花，实圆而粗糙。此木最易繁茂，故多植之以为荫。”

悬铃木树形雄伟端庄，生长快，树冠大，遮阴效果好，防尘、隔音。干皮

“四大行道树”之一悬铃木

飘落在郑州街区的悬铃木种子

光滑，适应性强，有“行道树之王”之称。但它的花粉大量飘落街头，易致人过敏。球果有大量毛毛飘落，也没有芳香散发。落叶期超长，整个冬季一直在落叶，给环卫工清扫带来不少麻烦。

20世纪80年代，郑州就以绿城闻名，实际上整个城区街道只栽植了一种树，它就是悬铃木，整个城市街区夏季由悬铃木浓荫遮挡。

在南京市20条主要街道上，16条街道的行道树曾是悬铃木。尤其是美龄宫周围的那些树。

绿色树荫代表的是宜人环境，象征生命。在全球变暖愈演愈烈的今天，人们越来越需要阴凉。悬铃木确实给夏季炎热的城市带来了凉爽。

元朝戏曲家、杂剧家马致远《岳阳楼》第一折：

如今人早晨栽下树，到晚来要阴凉。

明朝文学家胡文焕《群音类选·清腔类·桂枝香》：

前人栽树，后人乘凉。

曹雪芹《红楼梦》第三十一回："只见院中早把乘凉的枕榻设下。"

英国作家约翰·伊夫林（John Evelyn）《森林志》："树木慢慢成长，为我们的子孙带来荫凉。"

"保卫一棵悬铃木"

有一部美国电影《怦然心动》，影片中女主人公誓死保卫的那棵树，就是美国梧桐。

在电影中，女孩朱莉小时候对男孩布莱斯一见钟情，那时她常常爬到树的顶端，因为在那里能看到远方起伏的山峦和广袤的田野："我爬得越高，眼前的风景愈发迷人。"这棵树承载着女孩成长过程中的美好回忆。

后来，这棵树遭到施工队砍伐。朱莉爬到树上，向心爱的男孩布莱斯求助，希望他也能爬上来，和她一起保护这棵悬铃木。布莱斯虽然很同情朱莉，但并未伸出援手，最后树还是被砍了。这件事成为当地的新闻，布莱斯的外公看到报道后，对朱莉刮目相看。影片的最后，布莱斯在朱莉的院子里种下了一棵小树苗，那正是一棵美国梧桐。

一个人与一棵树的感情原来可以如此紧密，紧密到可以不惜一切去保护它。在《怎样观察一棵树：探寻常见树木的非凡秘密》中，我们也能看到人与树之间的感情维系。[2]

注：

[1]［美］格瑞特·奎利．莎士比亚植物诗［M］．尚晓蕾，译．北京：中信出版集团，2022．
[2] 汤欢．古典植物园：传统文化中的草木之美［M］．北京：商务印书馆，2021．

加拿大一枝黄花：
一枝被“通缉”的花

掀起你的盖头来

加拿大一枝黄花（*Solidago canadensis*），俗名麒麟草、幸福草、黄莺、金棒草，多年生草本植物。叶呈披针形或线状披针形。花金黄色，由无数小的头状花序组成，花序枝弯曲，单面着生开展成圆锥花序，瘦果，每千克约1000万粒种子，风力传播。单株一年可生产2万余粒种子，种子易萌发。

加拿大一枝黄花

加拿大一枝黄花在北美是重要的蜜源植物。在澳大利亚被视为一种有用的农作物。它的萃取物中的倍半萜具有类似抗生素、性诱剂、外激素等作用。因其金黄色的花朵鲜艳夺目，在瑞士、以色列、俄罗斯作为观赏植物。在加拿大，白色无尾驯鹿以它的叶为食。在美国科罗拉多、犹他等州，它作为牛、羊、马的优良饲料。它的种子是金翅雀、麻雀的食物。在一些国家，用其提取颜料、提炼精油。

被“通缉”的植物

加拿大一枝黄花原产北美。1935 年，明媒正娶来到中国，中国把加拿大一枝黄花作为观赏植物进行引种，是本书所涉植物唯一被引种到中国的物种。

它有一个美丽的名字：加拿大一枝黄花。它有一种歹毒的秉性，能迅速导致其他植物灭亡，带来严重的生态灾害。加拿大一枝黄花曾经导致上海地区 30 余种乡土植物消亡，严重影响了原有植被的生长，破坏了生物的多样性。这种曾经一度被人们崇尚的花卉，已被华东一些地区作为有害生物紧急“通缉”。

加拿大一枝黄花带翅的种子

正因为其种群扩展迅速，才导致其他植物很快退出竞争。另外，其根部还分泌一些抑制物质，可以抑制草本植物的发芽，而秋旱植物又由于加拿大一枝黄花生长形成的郁闭环境而难以进入，从而使夏秋期间形成比较纯的加拿大一枝黄花种群。汉代刘安《淮南子·说山训》：

人众则食狼，狼众则食人。

国家林业和草原局将加拿大一枝黄花增列入“林业危险性有害生物名单”。

春秋时期管仲在《管子·明法解》中说：

草茅弗去，则害禾谷。

盗贼弗诛，则伤良民。

生物由原生存地经自然或人为途径侵入到另一个新的环境，对入侵地的生物多样性、农林牧渔业生产以及人类健康造成经济损失或生态灾难就是生物入侵。

任何物种，总是先形成于某一特定地点，随后通过迁移或引入，逐渐适应迁移地或引入地的自然生存环境并逐渐扩大其生存范围，这一过程被称为引种。不适当的引种会使缺乏自然天敌的外来物种迅速繁殖，并抢夺其他生物的生存空间，进而导致生态失衡及其他本地物种的减少和灭绝，严重危及一国的生态安全。

2020 年，武汉市新洲区园林和林业局发布了《关于切实做好加拿大一枝黄花秋季防除工作的紧急通知》：

各街镇林业站：

加拿大一枝黄花是一种对农林生产和生态环境威胁很大的外来恶性杂草，也是省补充检疫性有害生物。近期监测，加拿大一枝黄花即将进入花期，也是识别和防控的有利时期。为切实做好加拿大一枝黄花秋季防除工作，有效遏制其扩散、蔓延，确保农林生产安全、生态环境安全，现紧急通知如下：

加拿大一枝黄花繁殖能力极强，对生态平衡、园林绿地景观及农作物危害极大，一旦扩散蔓延，严重影响植物多样性，对花卉、苗木等造成长期的毁

生长在江西庐山周边田间地头、房前屋后的加拿大一枝黄花高达 2—3 米

灭性的危害。从近期调查的情况看，加拿大一枝黄花在我区的发生呈现扩散、蔓延趋势，主要交通干道两侧疫点明显增多。加拿大一枝黄花即将进入花期，如不及时开展防控，一旦种子成熟脱落，将迅速向四周飘移、扩散，前期的防控努力也将前功尽弃。因此，各街镇要充分认识当前开展加拿大一枝黄花防除工作的重要性和紧迫性，加强宣传发动，及时组织加拿大一枝黄花秋季防除工作，确保我区农林生产、生态环境的安全……

消灭加拿大一枝黄花已刻不容缓。